经典广东汤

秋画图文工作室／编著

SPM 南方传媒 广东人民出版社

·广州·

图书在版编目（CIP）数据

经典广东汤 / 秋画图文工作室编著 . —广州：广东人民出版社，2022.9
ISBN 978-7-218-15921-8

Ⅰ．①经…　Ⅱ．①秋…　Ⅲ．①粤菜—汤菜—菜谱　Ⅳ．① TS972.122

中国版本图书馆 CIP 数据核字（2022）第 151563 号

Jingdian Guangdongtang

经 典 广 东 汤

秋画图文工作室　编著

出 版 人：肖风华

责任编辑：李幼萍
责任技编：吴彦斌
封面设计：范晶晶
内文排版：友间文化

出版发行：广东人民出版社
网　　址：http://www.gdpph.com
地　　址：广州市越秀区大沙头四马路 10 号（邮政编码：510199）
电　　话：（020）85716809（总编室）
传　　真：（020）83289585
天猫网店：广东人民出版社旗舰店
网　　址：https://gdrmcbs.tmall.com
印　　刷：广州市豪威彩色印务有限公司
开　　本：787 毫米 ×1092 毫米　　1/16
印　　张：16　　　　字　　数：250 千
版　　次：2022 年 9 月第 1 版
印　　次：2022 年 9 月第 1 次印刷
定　　价：49.80 元

如发现印装质量问题，影响阅读，请与出版社（020-87712513）联系调换。
售书热线：020-87717307

前言
Preface

　　广东人无汤不成宴，无汤不上席，广东人爱喝汤，是由气候、地理、风俗文化以及营养观等多种因素决定的。汤饮，在某种程度上，代表的是广东人的一种生活方式与盼头，是一种家的温馨感。

　　随着人们生活水平的不断提高，吃饭必喝汤的饮食习惯受到越来越多人的推崇，汤饮已经成了餐桌上不可或缺的一道菜品。

汤水润喉易食，营养丰富又易于消化，可以调节胃口，增进食欲，补充身体需要的水分。更重要的是，它不单单是丰富餐桌、调节口味的食物，更是能够调理身体的一碗"名贵药膳"。

本书精选了多款广东养生汤饮，这些汤饮适合每一个普通人饮用。同时，我们又做了更细致更有针对性的分类，除了帮助不同人群和不同健康状况的煲汤爱好者迅速找到适合自己家人的汤之外，我们还按一年24个节气分类，给出了这些节气最适宜的汤饮养生方。

全书配有大量精美的图片，一定能够满足您对健康的需求，带给你烹调的乐趣与美的享受。

用一碗汤调理出健康好身体，愿本书能够帮助你成为煲汤达人。

前言

目录

CONTENTS

01 第一章 001

汤汤水水最养生

广东人餐桌常见汤水 /002

煲汤前的准备工作 /003

煲汤的基本步骤 /004

煲汤常用的调味料 /005

不可不知的高汤 /006

煲汤小常识 /007

正确喝汤，功效加倍 /008

这样喝汤对健康无益 /009

02 第二章 011

一碗养生汤，养出全家健康

儿童补钙 /012

黄豆海带鱼头汤 /013

山药排骨汤 /013

草鱼炖豆腐 /014

豆腐红薯粉汤 /014

什锦牛骨汤 /015

牛奶炖豆腐 /015

蚕豆冬瓜豆腐汤 /016

猪骨炖萝卜 /016

虾皮紫菜汤 /016

儿童补铁 /017

海带萝卜汤 /018

海带鸭血汤 /018

西红柿猪肝汤 /019

西红柿玉米鸡肝汤 /019

茼蒿猪肝鸡蛋汤 /020

虾米萝卜紫菜汤 /020

菠菜猪肝汤 /021

虾仁豆腐汤 /021

儿童补锌 /022

鳝鱼金针菇汤 /023

薏米莲子猪肝汤 /023

蛤蜊莴笋汤 /024

海带牡蛎汤 /024

1

西红柿萝卜汤 /024

奶油蘑菇汤 /025

双耳牡蛎汤 /025

栗子炖鸡 /026

胡萝卜栗子鸡腿汤 /026

青少年增高 /027

虾皮豆腐汤 /028

鱿鱼汤 /028

腱子肉炖银耳 /029

黑芝麻大骨汤 /029

棒骨莴笋汤 /030

鹌鹑蛋龙骨汤 /030

大骨桂圆汤 /031

鸡腿白菜炖豆腐 /031

虾仁豆腐汤 /031

青少年健脑 /032

香菇鸡汤 /033

海带花生排骨汤 /033

雪菜鱼片汤 /034

鲫鱼汤 /035

鹌鹑蛋桂圆汤 /035

核桃仁猪骨汤 /036

鲜虾草菇汤 /036

鲫鱼豆腐汤 /037

花生冬菇猪蹄汤 /037

孕早期（1~3个月） /038

紫菜豆腐汤 /039

萝卜炖羊肉 /039

红白豆腐汤 /040

鸡汤豆腐小白菜 /040

黄豆芽蘑菇汤 /041

土豆炖鸡 /041

开胃鱼片 /042

榛蘑炖笋鸡 /042

孕中期（4~7个月） /043

黄瓜银耳汤 /044

木耳猪血汤 /044

菠菜瘦肉丸子汤 /045

枸杞苋菜汤 /045

香菇菜叶粉丝汤 /046

白菜粉丝汤 /046

鸡肝豆苗汤 /047

木瓜炖乳鸽 /047

蘑菇炖豆腐 /048

孕晚期（8~10个月） /049

笋片炖豆腐 /050

木耳冬瓜汤 /050

红枣黑豆炖鲤鱼 /051

赤豆排骨汤 /051

冬瓜鲤鱼汤 /051

冬瓜肉丸汤 /052

干贝海带冬瓜汤 /052

冬瓜海带肉汤 /053

味噌汤 /053

产后补血 /054

红豆红枣乌鸡汤 /055

豆腐山药猪血汤 /055

花生红枣莲藕汤 /055

素笋耳汤 /056

黑豆红枣汤 /056

黑木耳豆腐汤 /057

胡萝卜炖牛腩 /057

CONTENTS

红枣黑木耳汤　/058
羊血汤　/058

产后催乳　/059
花生炖猪蹄　/060
鲜鸡汤　/060
百合木瓜煲　/061
栗子炖乌鸡　/061
金针黄豆排骨汤　/062
瓠子炖猪蹄　/062
黄花菜肉片汤　/063
花菇炖鸡　/063

产后减重　/064
田七红枣炖鸡　/065
莲藕炖排骨　/065
冬瓜玉米汤　/066
红枣莲子木瓜汤　/066
酒酿鱼汤　/067
木瓜豆仁汤　/067
蔬果浓汤　/068
红豆鲤鱼汤　/068
荷叶冬瓜汤　/069

痛经　/070
胡萝卜阿胶肉汤　/071
益母草红枣汤　/071
鲢鱼丝瓜汤　/071
红糖姜汤　/072
参枣当归炖鸡　/072
丝瓜肉汤　/073

姜枣汤　/073
黄芪排骨汤　/074
当归鱼汤　/074

月经不调　/075
益母草煮鸡蛋　/076
山楂红糖饮　/076
百合墨鱼汤　/077
墨鱼生姜汤　/077
黑豆汤　/078
鲜荷丝瓜螺片汤　/078
双红煲乌鸡　/078
花生墨鱼猪蹄汤　/079
醪糟蛋花汤　/079

更年期综合征　/080
黄芪枸杞炖乳鸽　/081
莲子百合炖银耳　/081
鱿鱼排骨煲　/082
腰花木耳笋片汤　/082
洋葱花椰菜汤　/082
玉米菜花汤　/083
香蕉汤　/083
海带豆芽汤　/084
枸杞炖甲鱼　/084

男性调理前列腺　/085
杏仁红枣汤　/086
芡实莲子薏米汤　/086
西红柿苹果糯米汤　/087
黄瓜豆腐汤　/087
丝瓜豆腐汤　/088
泥鳅炖豆腐　/088
花生炖猪蹄　/089
海带玉米须汤　/089

男性补肾壮阳　/090
黑豆炖羊肉　/091
莲子猪腰汤　/091
鸡蛋香菇韭菜汤　/092

西红柿海带汤 /092

何首乌炖排骨 /093

鱿鱼豆腐汤 /093

红枣泥鳅汤 /093

杜仲猪腰汤 /094

鸽肉山药汤 /094

老年人防健忘 /095

山药枸杞炖猪脑 /096

核桃猪腰汤 /096

草菇莴笋汤 /097

紫菜豇豆汤 /097

虾丸蛋皮汤 /098

百合芝麻炖猪脑 /098

干贝玉米汤 /099

首乌炖猪脑 /099

老年人健体益寿 /100

黄豆海带鱼头汤 /101

鳜鱼豆腐汤 /101

芡实淮山炖排骨 /102

五豆养生汤 /102

芝麻鲫鱼汤 /103

薏米丸子汤 /103

淮山芡实薏米汤 /104

芸豆煲鸽子 /104

山药炖羊腩 /105

胸闷 /112

桂圆莲子猪心汤 /113

红枣银耳汤 /113

鲜蔬疙瘩汤 /114

绿豆大蒜汤 /114

百合芝麻猪心汤 /115

情绪低落 /116

黄花菜泥鳅汤 /117

百合莲藕汤 /117

冬瓜百合蛤蜊汤 /118

香蕉玉米浓汤 /118

百合水蜜桃甜汤 /119

感冒 /120

雪梨汤 /121

姜丝萝卜汤 /121

龙眼姜枣汤 /122

薏米扁豆汤 /122

西红柿荠菜肉丸汤 /123

牛奶木瓜汤 /123

萝卜牛肉丸汤 /124

天门冬萝卜汤 /124

手脚冰凉 /125

人参核桃饮 /126

红糖红枣姜汤 /126

当归生姜炖羊肉 /127

03

第三章　107

汤饮调理亚健康

失眠 /108

大枣莲子桂圆汤 /109

水果莲子甜汤 /109

百合冰糖蛋花汤 /110

百麦安神汤 /110

鲜奶冰糖炖蛤蜊 /111

黄花菜莲藕汤 /111

口腔溃疡　/128
　豆芽鸡蛋汤羹　/129
　苦瓜豆腐汤　/130
　香菇油菜汤　/130
　雪梨苹果炖肉　/131
　瓜皮玉米须汤　/131
便秘　/132
　萝卜汤　/133
　红薯红枣汤　/133
　豆角炖排骨　/134
　苦瓜白萝卜汤　/134
　萝卜蜂蜜饮　/135
贫血　/136
　红绿皮蛋汤　/137
　猪血菠菜汤　/137
　猪肝咸鸭蛋汤　/138
　蛤蜊汤　/138
　胡萝卜柿饼瘦肉汤　/139
　骨枣汤　/139
头晕　/140
　芥菜羊肉汤　/141
　凤爪枸杞煲猪脑　/141
　鸡丝豌豆汤　/142
　八宝鲜鸡汤　/142
　莲子桂圆猪脑汤　/143
　鱼头豆腐汤　/143
头痛　/144
　天麻川芎鱼头汤　/145
　花生猪蹄汤　/145

小麦红枣猪脑汤　/146
菊花汤　/146
天麻炖猪脑　/147
消化不良　/148
　山楂红枣饮　/149
　冬瓜猪蹄煲　/149
　莲子枸杞山楂汤　/150
　山楂汤　/150
　山楂金银花汤　/151
胃痛不适　/152
　木瓜鲩鱼尾汤　/153
　山药土豆莲子汤　/153
　猴头菇煲乌鸡　/154
　山药腰片汤　/154
　红枣莲子鸡蛋汤　/155
食欲不振　/156
　菠萝山楂汤　/157
　西红柿鸡蛋汤　/157
　奶香芹菜汤　/158
　豆芽海带鲫鱼汤　/158
　开胃蔬菜汤　/159
　西红柿洋葱汤　/159
疲乏无力　/160
　核桃牛肉汤　/161
　双参炖肉　/161
　苦瓜牛肉汤　/162
　西蓝花浓汤　/162
　排骨炖黄豆　/163
　黄豆玉米炖猪手　/163
眼睛干涩　/164
　菊花红枣汤　/165
　黑芝麻泥鳅汤　/165
　胡萝卜瘦肉汤　/166
　枸杞桂圆鸽蛋汤　/166
　胡萝卜鸡肝汤　/167
　核桃枸杞菊花汤　/167

04 第四章 169
二十四节气养生汤饮

立春 /170
美味三鲜汤 /171
大葱猪骨汤 /171
薏米冬瓜瘦肉汤 /172
青红萝卜炖肉 /172

雨水 /173
韭菜鸭血汤 /174
姜丝鸭蛋汤 /174
香菇炖鸡 /175
香菇木耳汤 /175

惊蛰 /176
海带栗子排骨汤 /177
马蹄空心菜汤 /177
枸杞牛肉汤 /178
竹笋香菇汤 /178

春分 /179
红小豆煲南瓜 /180
鸡汤白菜 /180
韭菜虾仁汤 /181
大蒜豆腐鱼头汤 /181

清明 /182
百合马蹄排骨汤 /183
夏枯草黑豆汤 /183
菠菜洋葱猪骨汤 /184

谷雨 /185
排骨西红柿汤 /186
海带结炖肉 /186
西红柿鸡蛋燕麦汤 /187
黄花菜猪肝汤 /187

立夏 /188
莲子香菇豆干汤 /189
苹果蔬菜汤 /189
鸡丝金针芦笋汤 /190

玉米萝卜汤 /190

小满 /191
苦瓜红椒皮蛋汤 /192
冬瓜赤豆汤 /192
莲藕瘦肉汤 /193
豆芽豆腐汤 /193

芒种 /194
陈皮绿豆煲老鸭 /195
黄瓜木耳汤 /195
绿豆鸡蛋汤 /196
草菇丝瓜汤 /196

夏至 /197
苹果雪耳炖瘦肉 /198
茅根鸭肉汤 /198
兔肉健脾汤 /199
老鸭白果红枣汤 /199

小暑 /200
西瓜皮蛋花汤 /201
鸭子汤 /201
三鲜鳝鱼汤 /202
老黄瓜排骨汤 /202

大暑 /203
西瓜薏米汤 /204
陈皮冬瓜汤 /204
绿豆南瓜汤 /205
鲜蘑豆腐汤 /205

立秋 /206
苦瓜炖排骨 /207
绿豆薏米鸭汤 /207
川贝雪梨猪肺汤 /208
苦瓜黑鱼汤 /208

处暑 /209
玉米南瓜炖排骨 /210
绿豆芽杞果黄瓜汤 /210
银耳鱼尾汤 /211
百合麦冬汤 /211
白露 /212
沙参玉竹煲老鸭 /213
牛奶杏仁炖银耳 /213
马蹄黄豆冬瓜汤 /214
秋分 /215
双黑泥鳅汤 /216
百合炖雪梨 /216
莲子百合炖肉 /217
寒露 /218
冬瓜鱼尾汤 /219
木耳炖豆腐 /219
鱼片鸡蛋葱花汤 /220
南北杏丝瓜汤 /220
霜降 /221
燕窝梨汤 /222
蚕豆百合鲤鱼汤 /222
鹌鹑百合汤 /223
红枣莲子汤 /223
立冬 /224
胡萝卜炖羊肉 /225
冬笋鲫鱼汤 /225
灵芝鹌鹑蛋汤 /226
豆芽青椒丝汤 /226

小雪 /227
木瓜羊肉鲜汤 /228
黄豆鱼头汤 /228
白萝卜炖牛腩 /229
罗宋汤 /229
大雪 /230
山药炖排骨 /231
枸杞红枣鸡杂汤 /231
山药炖兔肉 /232
冬笋豆腐汤 /232
冬至 /233
山楂炖牛肉 /234
香菇乌鸡汤 /234
杜仲排骨汤 /235
萝卜葱花鲫鱼汤 /235
小寒 /236
羊肉粉丝汤 /237
麻辣牛杂汤 /237
牛肉杂蔬汤 /238
白胡椒煲猪肚汤 /238
大寒 /239
西红柿鱼丸瘦肉汤 /240
菠菜牛肋骨汤 /240
红米猪肝汤 /241
清炖羊肉 /241

附录 242

富含各类营养素的代表食物 /242

第一章

汤汤水水最养生

随着生活水平的提升，一碗靓汤，已成为我们餐桌上不可或缺的养生佳品。怎样煲汤，怎样喝汤，可以最大限度让汤饮在兼顾美味的同时，滋养我们的身体呢？

广东人餐桌常见汤水

鸡汤

营养与功效

1. 鸡肉中的一些氨基酸溶解在汤里，有利于消化吸收，适合消化能力较弱的人群。

2. 鸡汤中的脂肪能加快咽喉部及支气管黏膜的微循环，对治疗支气管炎和感冒有一定的效果。

3. 鸡汤是气血虚弱者和产后体弱者的营养佳品，正常人食用能补充营养，增进食欲。

羊肉汤

营养与功效

1. 羊肉性热、味甘，是适宜于冬季进补及补阳的佳品。将羊肉煮熟后，吃肉喝汤，可以治疗五劳七伤及肾虚阳痿等，并有温中去寒、温补气血、通乳治带等功效。

2. 羊肉汤还有健脑明目的功效，尤其适合老年人和神经衰弱者饮用；它有壮身补血的功效，最宜病愈大补者常食。

猪骨汤

营养与功效

1. 猪骨含有一定量的钙质，将其砸碎加点醋熬汤，有助于钙质溶解在汤中，给小儿喝可以预防佝偻病。

2. 猪骨还含有骨胶原类黏蛋白和弹性硬蛋白，具有抗老化作用。人衰老的根本原因在于骨髓功能的衰退，而骨髓老化是由于缺乏类黏朊和骨胶原，所以常食骨头汤有助于缓解人体组织的老化，达到壮骨美容的效果。

牛肉汤

营养与功效

1. 牛肉含有丰富的维生素B_6和水溶性营养物，经过长时间炖煮才能慢慢释放到汤中，它们能参与胃酸的生成。因此，每天喝一小碗炖好的牛肉汤，比吃牛肉更能养胃。

2. 牛肉是高蛋白、低脂肪的食物，其营养极易被少年儿童、老年人、孕妇消化吸收，是适合全家食用的宝贵食材。

蔬菜汤

营养与功效

1. 新鲜蔬菜中含有大量的钾、钠、钙、镁和叶绿素，这些物质溶于汤中，饮用后可使体液保持正常的弱碱性状态，能防止血液酸化从而减少疾病发生。

2. 经常适量喝些菜汤，还能让人体内细胞里沉积的污染物和毒素等随大小便排出体外。

鱼汤

营养与功效

1. 鱼汤能补充钙质，也能明显提高睡眠质量，特别适合因神经紧张和压力而难以入睡的脑力劳动者食用。

2. 鱼汤中所含对人体有害的胆固醇仅为畜禽的1/5~1/3，特别是鱼汤含有大量生物活性物质，这类物质可有效地预防失眠及心血管疾病。

不少人以为煲汤就是将材料放入锅中，加水炖熟那么简单。其实，广东人煲汤特别讲究，要煲出美味可口且能真正起到强身健体、防病治病作用的汤，其中的学问特别大。

煲汤前的准备工作

❶ 选择食材

用来煲汤的食材非常丰富，主要包括五谷类、肉类、果蔬类这3大类。五谷类有花生、黑豆、黄豆等；肉类有牛、羊、猪骨、鸡、鸭、生鱼等；果蔬类就更多了，如苹果、木瓜、西红柿、胡萝卜等。不同的食材有不同的食疗效果，最好根据自身的需要选择恰当的食材。

另外，煲好汤的关键是所选食材要新鲜。新鲜并不是传统的"肉吃鲜杀，鱼吃跳"的时鲜。现在所说的"鲜"，是指鱼、畜、禽死后的3~5小时，此时鱼、畜或禽肉的各种酶使蛋白质、脂肪等分解为人体易于吸收的氨基酸和脂肪酸，味道也最好。

砂锅

❷ 搭配食材

许多食物已有固定的搭配模式，使营养素起到互补作用，即餐桌上的黄金搭配，如香菇炖鸡、海带肉汤、百合莲子汤等。食材搭配得好，营养便会加分，搭配得不好，反而影响健康，所以煲汤时要选择适合搭配在一起食用的食材。需要注意的是，为使汤的口味醇正，一般不用多种动物食材同煨。

❸ 选择锅具

熬汤时最好选用陶锅和砂锅（土锅），这样的锅散热较均匀，容易保住材料的原味。当然砂锅需选择质地细腻的，劣质砂锅的瓷釉中含有少量铅，煮酸性食物时容易溶解出来，有害健康。

如果没有陶锅或砂锅，也可以选择不锈钢锅，但不提倡使用铝锅，因为铝锅在长时间熬煮过程中会产生对人体有害的化学物质，所以少用为好。

❹ 选择调味料

煲汤的调料虽多，但不可胡乱搭配、添加，否则不仅影响口感，还会影响食物本身的营养。

煲汤的
基本步骤

Step 1. 选好食材和容器

不要将食材随便组合后胡乱一炖，如果要加入药材，最好事先查询药理作用和配伍宜忌等。

Step 2. 处理好各种食材

干货类要提前发好，荤腥的食材都需要事先过一遍沸水，如鲜肉等，在开始煲汤时要处理至看不到血水的熟度。

Step 3. 弄清先后次序

先将水烧开再开始下食材，还是先放材料后加水烧开，一般情况下都可以，不用分先后。倘若遇上食材的软硬度等差别较大，可以酌情先后，如冬瓜、胡萝卜、豆腐等，可以在肉汤的滋味出来后再添加。去腥的姜片和烧酒等材料，也应该提前添加。

Step 4. 配水要合理

水温的变化、用水量的多少，对汤的风味有着直接的影响。用水量通常是煨汤的主要食材重量的3倍，同时应使食材与冷水一起受热，即不直接用沸水煨汤，也不中途加冷水，以使食材的营养物质缓慢地逸出，最终达到汤色清澈的效果。

Step 5. 控制好火候

煲汤火候的最基本要诀是，放入食材后水一开就需要关小火，大沸大滚烧太久会破坏食材的营养，汤汁随水蒸气浪费也很多。用小火长时间慢炖，可使食材的蛋白质浸出物等鲜香物质尽可能地溶解出来，使汤鲜醇味美。

Step 6. 最后加调料

如果有需要给汤加点葱、盐等调料，最好在关火前几分钟加入，特别是盐，过早放入会破坏肉质，汤色也会偏暗。

煲汤时，调味品的使用顺序

1. 咸鲜味汤品：一品鲜酱油、料酒、鸡精、盐依次放入。
2. 鲜辣味汤品：葱末、虾油、辣酱、盐依次放入。
3. 酸辣味汤品：醋、红辣椒、胡椒粉、盐、香油、葱、姜依次放入。
4. 香辣味汤品：辣豆瓣酱、蒜蓉、葱末、姜末、酱油、盐、白糖、味精依次放入。
5. 五香味汤品：八角、桂皮、小茴香、花椒、白芷粉、盐、葱、姜依次放入。
6. 咖喱味汤品：姜黄粉、芫荽、白胡椒、肉豆蔻、辣椒、丁香、月桂叶、姜末、盐、料酒依次放入。
7. 甜酸味汤品：番茄酱、白糖、醋、柠檬汁、盐、料酒、葱、姜依次加入。
8. 葱椒味汤品：洋葱、大葱、红辣椒末、盐、鸡精、料酒、香油依次加入。
9. 麻辣味汤品：麻椒、干辣椒、辣酱、熟芝麻、料酒、盐、味精依次加入。
10. 酱香味汤品：豆豉、盐、鸡精、葱油、姜末、蒜末、黑胡椒依次放入。

煲汤常用的调味料

调味料名称	功效和用法	注意事项
食盐	调味。	每天食盐量6克左右，不宜超过10克。
生姜	开胃、去腥、解毒、祛寒。 如煲汤选用的是羊肉、鱼、海鲜等腥味食材，可加入几片生姜，能起到解寒、去腥、防病的药性功用。	炖牛肉和兔肉时不宜放姜，不利于健康。
蒜	杀菌、去腥。 在调制烧、炖海味河鲜菜肴时，加入适量蒜瓣或蒜片，有增鲜去腥功效。	食蒜不要过量，过食会动火、耗血；成人每日食生蒜2～3瓣，熟蒜3～4瓣即可，小孩减半；阴虚火旺者和眼疾患者应忌食。
葱	解腥、杀菌。 煲汤时一般不放葱，可在汤煲好后加入少许葱花调味提鲜。	在食用葱时不宜加热过久，否则会破坏大葱中的葱蒜辣素成分，使其杀菌作用减弱，还会影响健胃的作用。
酱油	提鲜、开胃。 煲汤一般可不放酱油，要放也是在炒制时放或等汤煲好后放入少量。	酱油主要成分为盐，高血压、冠心病患者不可多食。
醋	开胃、杀菌消毒、解腥。 在煮猪骨头汤、鲫鱼汤、酸辣汤时用糖醋调味，既有独特的甜酸味，又可使钙、铁溶入汤汁中。	煲羊肉汤时不宜放醋，醋与寒性食物搭配最好，而与羊肉这类温热食品相配则不宜，会削弱两者的食疗作用，产生对人体有害的物质。
料酒	解腥、提香。 料酒多用来腌制肉类食材，可达到除腥除异味的作用。	最合理的添加料酒时间，应该是在整个烧菜过程中锅内温度最高的时候，如煲汤时，在第一次水沸时立即加入料酒即可。

不可不知的高汤

高汤是做好一锅美味的汤饮的关键。选择自己喜欢的口味，将烧好的高汤装入保鲜盒或者保鲜袋冷冻起来，随用随取。如果下班后没有时间做汤，只要拿出一份来，加热后放些蔬菜，就是一道好汤。

常见高汤的制作方法

熬煮高汤要保持汤体清爽，需注意水是由冷水烧开再加汤料，煮的过程中温度不宜过高，需不断捞除漂浮的杂质，煮好后要再过滤。

◎猪骨高汤

1．将猪棒骨、脊骨洗干净后斩大块，入沸水锅中汆烫去血味，捞出。

2．烧一锅开水，放入汆烫后的猪棒骨、脊骨，加入葱段、姜块，小火煲煮3~4小时即可。

用处：猪骨高汤可以用来煲制各式汤品，还可以作为基础味来调味。

◎鸡高汤

1．将鸡架冲洗干净，入沸水锅中汆烫透，放入汤锅中，加入适量清水煮沸，转小火熬煮2小时。

2．再加几块姜提味去腥，继续煮到汤浓味香时撇去浮油就可以了。

用处：鸡高汤用来做荤素汤品都可以，根据个人口味，可在其他汤里提鲜汤头。

◎什锦果蔬高汤

1．依个人喜好，将各种蔬菜水果放入果汁机中，加适量清水，搅打成汁。

2．将取得的果蔬汁放入锅中，煮开即可。

用处：由于蔬菜水果的配比不同，什锦果蔬高汤的色彩变化多样，既营养又增进食欲，可用于海鲜、果蔬的汆煮调理汤。

◎香菇高汤

1．干香菇用清水冲洗、泡软，去蒂洗净，再用清水浸泡50分钟，用纱布过滤清水即可。

2．或者将干香菇泡发后放入汤锅中，加清水大火煮沸。

用处：香菇高汤主要用在汤品中提味增色，一般不单独使用，而是加入辅料调味品进行调味。

TIPS

由于生活节奏的加快，充分熬制高汤并不是特别容易实现，所以在制作菜肴时，也有用鸡精和温水调制而成的高汤来调味。市场上还有即食型高汤包或浓汤宝等速食产品，用以代替高汤调味，同样可以起到提鲜的作用。

煲汤小常识

肉类先用冷水煮到7成熟，去浮沫

入汤的肉类要先用冷水煮到7成熟，这一步用来去除肉类的血腥和污垢。大多数人煲汤的时候，都会直接用开水将肉烫过了事，其实这是不正确的。用冷水是让肉从内往外地排出腥味，而开水只烫熟了外表，内腥在之后熬汤的时候还是会破坏汤的鲜味。

善用姜片，不乱用料酒

大部分人都知道煲汤时放入几片姜可起到去腥的作用。姜一般在煲汤开始时即可放入，也有人在这时加入料酒，料酒也有去腥的作用。但姜片会更好地增加肉汤的滋味，而料酒过多则会有反效果，所以如果不是对各种比例配方了如指掌的行家，去腥选用姜片就好，料酒即使要放也要尽量少放。

盖上盖子

有的人煲汤时怕汤沸腾溢出就将锅盖揭开煲制，其实这是不正确的。煲汤时一定要盖着盖子，否则再好的汤料，香味也会随水蒸气跑掉。如果怕汤溢出，就用大点的锅，或一次不要放入太多食材。

不要中途添水

有些人在煲汤的过程中发现水加得不够，这时并不适合再加水，因为食材在煲制的过程中已经释放出了各种营养素，如果这时加入冷水使温度下降，就会影响营养素的溶解，破坏原有的鲜香味。如果中间非得加水，也只能加开水，当然最好一开始就放足够量的水。

煲汤的时间有讲究

煲汤时间一般为：鱼汤1小时左右，鸡汤、排骨汤3小时左右足矣。

汤中的营养物质主要是氨基酸类，如果加热时间过长，就会产生新的物质，营养反而被破坏。此外，长时间加热还会破坏汤类食材中的维生素。

正确喝汤，功效加倍

注意喝汤的时间和量

很多人习惯在餐后喝口汤，很多饭馆里上菜的顺序也是先主菜后汤，但也有人说喝汤应该选择在饭前，那么究竟是应该在餐前喝汤还是在餐后喝汤呢？

老话说："饭前先喝汤，胜过良药方。"其实，这话是很有道理的。吃饭的时候，食物是经过口腔、咽喉、食道最后到胃的，这就像一条通道。吃饭前先喝口汤，等于是将这条通道疏通了，以便干硬的食物通过，而不会刺激消化道黏膜。进汤时间以饭前20分钟左右为好，吃饭时也可缓慢少量进汤，有助于食物的稀释和搅拌，从而有益于胃肠对食物的消化和吸收。

虽然饭前喝汤对健康有益，但并不是说喝得越多越好。一般情况下，早餐可适当地多喝些，因早晨人们经过一夜睡眠，损失水分较多；中晚餐前喝汤以半碗为宜，尤其是晚上要少喝汤，否则频繁夜尿会影响睡眠。

注意不同情况需选择不同的汤类

1. 晨起时最适合喝肉汤，宜选择相对清淡不油腻的肉汤。肉汤中含有丰富的蛋白质和脂肪，在体内消化可维持3~5小时，能使人精力旺盛，避免在10~12点这个时段产生饥饿感和低血糖现象。

2. 不同季节需选择不同的汤食，以预防一些季节性疾病，如夏天喝绿豆汤、冬天喝羊肉汤等。

3. 体胖者适合在餐前喝一碗蔬菜汤，既可满足食欲，又有利于减肥。体形瘦弱者，多喝点高糖、高蛋白的汤，可增强体质。

4. 孕妇、产妇、哺乳女性、老人以及小孩可在进食前喝半碗骨头汤，补充身体所需的大量钙。但注意，骨折病人不宜喝骨头汤。

5. 月经前适合喝补性温和的汤，不要喝大补的汤，以免补得过火而导致经血过多。

6. 感冒的时候不适合煲汤进补，性味温和的西洋参也最好不要服用，因为这些油腻的汤容易加重感冒症状。

7. 不能长期只喝一两种汤，应该酸甜咸辣多种交替，才能增进食欲，平衡营养。具有食疗作用的汤要经常喝才能起作用，每周喝2~3次为宜。

这样喝汤对健康无益

❶ 汤泡饭

有的人认为，汤泡饭也是稀释了食物，应该对胃肠的消化吸收有益啊，为什么不宜吃汤泡饭呢？我们咀嚼食物，不但要将食物嚼碎后便于咽下，更重要的是要由唾液把食物湿润，而唾液是由不断地咀嚼食物产生的，唾液中有许多消化酶，能帮助消化吸收，对健康十分有益。而汤泡饭由于将饭泡软了，就算不咀嚼也不会影响吞咽，所以吃进去的食物往往还没经过唾液的消化就进入胃了，这给胃的消化增加了负担，日子一久，就容易导致胃病，甚至是胃癌的发生。因此，不宜常吃汤泡饭。

❷ 只喝汤水不吃食物

一般人认为煲汤时已经将食材的营养都集中到汤里了，所以煲好的汤就只能喝汤，对里面的食物弃之不理，其实这大错特错了。有人做过试验，将鱼、鸡、牛肉等含高蛋白质的不同食材煮6小时后，看上去汤已

很浓，但蛋白质的溶出率只有6%～15%，还有85%以上的蛋白质仍留在食材中。也就是说，无论煲汤的时间有多长，肉类的营养也不能完全溶解在汤里，所以喝汤后还要吃适量的肉。

❸ 喝刚煲好的汤

刚煲好的汤往往很烫，而很多人却偏偏喜欢喝这种很烫的汤，认为喝进去更暖胃暖身。其实，人的口腔、食道、胃黏膜最高只能忍受60℃的温度，超过此温度则会造成黏膜烫伤甚至消化道黏膜恶变，因此50℃以下的汤更适宜。

❹ 喝汤速度快

喝汤时应该慢慢品味，不仅可以充分享受汤的味道，还给食物的消化吸收留有充裕的时间，并且提前产生饱腹感。如果喝汤速度很快，等意识到吃饱的时候，说不定已经吃过量了，这样容易导致肥胖。

一碗养生汤，
养出全家健康

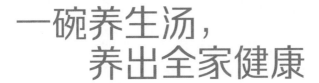

我们的餐桌上总少不了一碗汤，看似最不起眼的汤，却最容易喝出营养，滋补身体，一锅好汤，可以让食材充分渗出，真正做到味鲜可口、营养丰富、易于消化。

儿童
补钙

婴幼儿正处在第一快速生长期，到5岁时身高可达到出生时的2倍，必须要有大量的钙来保证骨骼的生长，才能满足如此快的生长速度。处于生长发育期的儿童，要多吃含钙食物，以满足身体成长所需要的钙量。

儿童补钙饮食指导

❶ 让孩子多吃含钙的食物，如豆类及豆制品、奶类、鱼、虾、海带、紫菜、蛋类等。特别是豆类和奶类含钙较多，是优质的钙源，应坚持每日食用。

❷ 注意烹调方式，提高钙的吸收率。例如：吃豆腐时，最好不要与小葱、洋葱、菠菜等含草酸较多的食物一起吃，以免形成不易被人体吸收的草酸钙；吃排骨、虾皮时可放点醋，使钙游离出来成为离子钙，利于机体吸收和利用。

❸ 牛奶是钙的良好来源，孩子每天喝250毫升牛奶便可从中摄取275~300毫克的钙。对于不喜欢喝牛奶或有乳糖不耐症的儿童，可用酸奶代替。

❹ 多吃富含维生素D的食物。维生素D对促进钙的吸收利用有重要作用，可通过食用鸡蛋、牛奶、奶酪、动物肝脏来补充。此外，每天晒几个小时太阳也能够促进体内维生素D的生成。

🍲 黄豆海带鱼头汤

原材料 鱼头1个，水发海带50克，泡发的黄豆适量，枸杞少许，葱1根，姜1小块。

调味料 高汤适量，盐适量，胡椒粉、料酒各少许。

功效 黄豆含有丰富的钙，鱼肉中含有的丰富的维生素D对钙的吸收有很好的促进作用。

做　法

1. 海带洗净切丝；鱼头去鳃洗净；葱洗净切段；生姜洗净、去皮、切片。
2. 锅中放油烧热，放入鱼头，中火煎至表面稍黄，盛出放入瓦煲中。
3. 将海带丝、黄豆、枸杞、生姜、葱放入瓦煲内，加入高汤、盐、料酒、胡椒粉，加盖，小火煲50分钟即可。

🍲 山药排骨汤

原材料 排骨500克，山药250克，葱段、姜片各适量。

调味料 盐、料酒各适量。

做　法

1. 排骨洗净，剁成块，放入沸水中余约5分钟，洗净，沥干水分；山药洗净，去皮，切滚刀块，上锅蒸2分钟。
2. 砂锅中放入排骨、葱段、姜片、料酒和适量清水，中火烧开，转小火炖1小时。
3. 拣出葱段，加入山药，转中火煮沸，再转小火炖半小时，加盐调味，继续炖至排骨和山药酥烂即可。

功效 骨头里含有丰富的钙质，山药则有促进钙质吸收的作用。二者相加，是缺钙儿童的理想美食。

🍲 草鱼炖豆腐

原材料 草鱼300克，豆腐100克，笋、蒜苗、葱、姜各适量，高汤1碗。

调味料 酱油1大匙，料酒、盐、鸡精各适量。

 功效 草鱼含有大量的磷、钙、铁等营养物质，这些物质对于强化骨质、预防贫血有一定的功效。搭配上含丰富蛋白质的豆腐和富含维生素的笋、蒜苗，对促进儿童生长发育非常有益。

做 法

① 草鱼肉洗净，顺长剖开，切成1厘米见方的丁。

② 豆腐切成同样大小的丁；笋切成小方片。

③ 锅置火上，放油烧热，放入鱼丁，煎黄，烹入料酒，加盖略焖，加入葱、姜、酱油、盐，烧上色后，倒入高汤烧开，加盖转小火煨3分钟。

④ 再放入豆腐、笋片，焖3分钟，转大火烧稠汤汁，加入鸡精，撒上蒜苗即可。

🍲 豆腐红薯粉汤

原材料 红薯粉条200克，豆腐300克，排骨200克，葱段、姜片各适量。

调味料 盐、生抽、白糖、香油各适量。

做 法

① 红薯粉条用开水浸泡半小时，捞出，用略剪几刀，过凉水备用；豆腐切块。

② 排骨切小块，洗净后用热水焯一下，捞出冲热水备用。锅中倒入30克油，开中火，将豆腐块煎至两面金黄，捞出控油。

③ 炒锅留底油，开中火，放入焯好的排骨煸炒，炒到表面微微发黄。

④ 下葱段、姜片爆香，加入生抽、白糖炒匀后倒入砂锅。加适量热水，开大火煮沸后转中火盖盖炖半小时。

⑤ 打开盖子将泡好的粉条均匀铺在锅里，粉条上面盖上煎好的豆腐，盖盖继续炖煮3分钟，下盐和香油调味即可。

功效 豆腐有很丰富的钙质和蛋白质，和红薯粉、排骨搭配，补钙又美味。

🍲 什锦牛骨汤

原材料　牛骨1000克，胡萝卜500克，西红柿200克，紫甘蓝200克，洋葱1个。

调味料　黑胡椒5粒，盐适量。

做　法

❶ 将牛骨斩成大块洗净，放入开水中煮5分钟左右，取出冲净；胡萝卜去皮，切成大块；西红柿洗净切成4块；紫甘蓝洗净切成大块；洋葱去皮，切成比较大的块备用。

❷ 锅中加油烧热，改成小火，下入洋葱炒香，加入适量水烧开。

❸ 加入牛骨、胡萝卜、西红柿、紫甘蓝、黑胡椒，煮3小时左右，加入盐调味即成。

功效　牛骨与萝卜、西红柿等同炖，不但具有蔬菜的清香，而且其骨肉细嫩可口，香而不腻，汁浓而不滞，汤鲜而不淡，有利于儿童补钙，具有食疗作用。

🍲 牛奶炖豆腐

原材料　豆腐200克，牛奶200毫升，葱花适量。

调味料　盐、味精、白砂糖各少许。

做　法

❶ 将豆腐切块，放入锅中，加入牛奶，加入适量清水。

❷ 锅置火上，大火烧沸后，依个人口味加入盐、味精、白砂糖和葱花即可。

功效　牛奶是人体钙的最佳来源，而且钙磷比例非常适当，有利于钙的吸收。常见的普通牛奶是补钙的最佳奶类。

🍲 蚕豆冬瓜豆腐汤

原材料 鲜蚕豆200克，冬瓜200克，豆腐200克，葱花适量。

调味料 盐、香油各适量。

做 法

① 鲜蚕豆洗净；冬瓜洗净、去皮、切块；豆腐切小块。

② 锅置火上，放油烧热，放入冬瓜块翻炒，随后倒入蚕豆和豆腐块，倒入清水没过菜。

③ 水煮开后，再煮2分钟关火，最后加入盐和香油，撒上葱花即可。

功效 豆腐含钙量较高，与含丰富维生素的蚕豆和冬瓜搭配，补钙效果更好。

🍲 猪骨炖萝卜

原材料 白萝卜1根，羊肉200克，猪脊骨150克，猪瘦肉100克，葱花、生姜、枸杞各少许。

调味料 盐适量，鸡精少许。

做 法

① 先将猪脊骨、猪瘦肉、羊肉斩块，白萝卜去皮洗净。

② 用砂锅烧水，待水沸时，放入猪脊骨、猪瘦肉、羊肉，滚去表面血渍后倒出，用清水洗净。

③ 用砂锅重新装水，放在炉上大火烧开。

④ 放入猪脊骨、猪瘦肉、白萝卜、羊肉、生姜、枸杞，煲3小时。

⑤ 调入盐、鸡精，撒上葱花即可食用。

功效 白萝卜草酸含量极低，因其含钙量较高，是机体补钙的好来源。

🍲 虾皮紫菜汤

原材料 虾皮15克，紫菜4克。

调味料 盐适量，酱油和味精各少许，香油几滴。

做 法

① 紫菜泡发，洗净；虾皮洗净。

② 锅置火上，放入500克水烧开，加入虾皮，稍煮一下，放入盐、酱油，撇去浮沫。

③ 放入紫菜，淋上香油，撒入味精即可。

功效 虾皮和紫菜都含有丰富的钙，两者做汤，既美味又营养，儿童经常食用，有利于骨骼生长。

儿童
补铁

患有缺铁性贫血的儿童一般常有烦躁不安、精神不振、活动减少、食欲减退、皮肤苍白、指甲变形（反甲）等表现；较大的儿童还可能跟家长说自己老是疲乏无力、头晕耳鸣、心慌气短，病情严重者还可能出现肢体浮肿、心力衰竭等症状。

儿童补铁饮食指导

❶ 多吃富含铁的食物，如动物的肝、心、肾，蛋黄、瘦肉、黑鲤鱼、虾、海带、紫菜、黑木耳、南瓜子、芝麻、黄豆、绿叶蔬菜等。

❷ 多吃蔬菜和水果。因为蔬菜和水果富含维生素 C、柠檬酸及苹果酸，这类有机酸可与铁形成络合物，从而增加铁在肠道内的溶解度，有利于铁的吸收。

❸ 铁的吸收还需要蛋白质、乳糖等物质。食物中如蛋类、瘦肉类、乳类等都含有优质蛋白质，乳类含有丰富的乳糖，为了防止体内缺铁，还需要同时补充这些物质。

❹ 使用铁制炊具烹调食物。铁锅中的铁接触到食物中的酸性物质后会变成铁离子，从而增加食物的铁含量。

🍲 海带萝卜汤

原材料 白萝卜300克，海带100克，鸡肉丝适量。

调味料 盐、胡椒粉、酱油、醋各少许。

功效 萝卜中的维生素C含量较高，能增加铁在肠道内的溶解度，有利于铁的吸收。

做 法

① 将白萝卜削皮，切成小块；海带洗净，切成细片；鸡肉洗净，入沸水锅中氽烫后取出，切丝。

② 将白萝卜、海带一同放入锅中，加适量清水，同煮成汤。

③ 在汤中加少许盐、醋，再加鸡肉丝、胡椒粉、酱油即可。

🍲 海带鸭血汤

原材料 水发海带50克，鸭血1碗，葱花、姜末、青蒜末各适量。

调味料 原汁鸡汤2碗，盐、料酒、香油各适量。

做 法

① 将水发海带洗净，切成菱形片。

② 鸭血加入少许盐，调匀后放入锅中，隔水蒸熟，用刀划成1.5厘米见方的鸭血块。

③ 汤锅置火上，倒入鸡汤，大火煮沸，再放入海带片及鸭血，烹入料酒，改用小火煮10分钟，加入葱花、姜末、盐，煮沸后，放入青蒜末，搅拌均匀，淋入香油即可。

功效 猪血、鸭血等动物血液里铁的利用率为12%，如果注意清洁卫生，加工成血豆腐，就是一种价廉物美的补铁食品，对于预防儿童缺铁性贫血有很好的效果。

🍲 西红柿猪肝汤

原材料　鲜猪肝200克，西红柿100克，葱花适量。

调味料　酱油1小匙，淀粉2小匙，盐2小匙，鸡精少许。

做　法

① 西红柿洗净，切块。

② 猪肝洗净，切粒，加酱油、淀粉拌匀腌10分钟，放入沸水中氽烫，捞出沥干。

③ 锅中倒6杯清水（或高汤）煮开，放入猪肝煮熟，再加入西红柿，最后加入盐及鸡精调味，撒上葱花即可。

 功效　猪肝含有丰富的铁和磷，它们是造血不可缺少的原料。

🍲 西红柿玉米鸡肝汤

 功效　鸡肝中维生素A的含量很丰富，比猪肝的含量还高，并且含有大量的铁，此外，鸡肝的体积较小，口感较为细腻，烹饪过程中很入味，很适合儿童食用。

原材料　鸡肝250克，西红柿1个，玉米1个，姜适量。

调味料　料酒、盐、淀粉、香油各适量。

做　法

① 将鸡肝表面的筋膜去除，洗净后切成薄片，倒入加了白醋的清水中浸泡20分钟。

② 将鸡肝捞出沥干，放入碗中，调入料酒、盐和淀粉搅拌均匀，腌制10分钟。

③ 西红柿洗净，切成5厘米大小的块；姜去皮切丝；玉米洗净后，改刀切成大块。

④ 锅中放入玉米、姜丝、清水和一半量的西红柿块，大火煮开后转小火煮10分钟。

⑤ 再倒入剩余的一半西红柿块，加入盐调味，后改成大火，放入鸡肝煮沸，最后滴几滴香油即可。

茼蒿猪肝鸡蛋汤

原材料 茼蒿300克，猪肝100克，
鸡蛋1个。

调味料 盐1小匙。

做 法

❶ 茼蒿洗净备用；猪肝洗净，切薄片备用；鸡蛋打碎搅匀。

❷ 将锅置于火上，加适量清水，煮沸，放入茼蒿，滚熟后倒入猪肝煮熟。

❸ 倒入鸡蛋液，搅成蛋花，加入盐即可。

虾米萝卜紫菜汤

原材料 白萝卜150克，紫菜50克，虾米2
大匙，葱、姜各适量。

调味料 料酒、香油、盐、鸡精各适量。

做 法

❶ 白萝卜洗净切丝；葱、姜洗净切碎；虾米泡软。

❷ 起锅热油，待油烧至7成热时，爆香葱、姜，下虾米，加料酒和水煮开。

❸ 滚沸后放入白萝卜煮熟，最后加上紫菜煮散，调入盐、鸡精，淋上香油即成。

功效 紫菜含铁丰富，与萝卜、虾米一起做汤，可以达到钙铁同补的功效。

🍲 菠菜猪肝汤

原材料 菠菜100克，猪肝100克，姜丝、葱末、枸杞各适量。

调味料 盐、香油各适量。

做 法

① 猪肝切片，入沸水汆烫，捞出冲净血沫待用；菠菜用开水烫一下，捞出切段；枸杞用水泡开。

② 锅中放入适量清水，烧开后放入猪肝、姜丝。

③ 猪肝将熟时放入菠菜，加盐调味。

④ 最后放入枸杞，淋少许香油，撒上葱末即可。

功效 猪肝和菠菜都含有人体造血必需的原料——铁，很适合儿童食用以补铁。

🍲 虾仁豆腐汤

原材料 基围虾100克，韭菜50克，豆腐200克，水淀粉1碗。

调味料 香油、盐各适量。

做 法

① 虾洗净，剥壳取虾仁。

② 韭菜洗净切碎；豆腐以清水漂净切片。

③ 虾仁、韭菜、豆腐一同放入沸水锅内煮片刻，调入水淀粉煮沸收汁，加盐、香油调味即可。

功效 豆腐中含有丰富的卵磷脂和蛋白质，其中豆腐蛋白属完全蛋白，含有人体必需的8种氨基酸，营养价值很高，与虾仁做汤，钙铁双补，营养又美味。

儿童
补锌

儿童缺锌主要表现为身材矮小、食欲差、有异食癖、皮肤色素沉着等。缺锌还会使儿童免疫力降低，增加腹泻、肺炎等疾病的感染率。专家建议，1～10岁的幼儿及儿童每天需要摄入10～15毫克锌，10岁以上的少年儿童每天需要摄入15～20毫克锌。

儿童补锌饮食指导

① 家长首先要改善孩子的饮食习惯，设法帮助孩子克服挑食、偏食的毛病。对于儿童而言，坚持膳食多样化，合理安排食谱，培养良好的饮食习惯，不偏食、不挑食，便可以有效预防锌缺乏症。

② 动物性食品中的锌含量高，易吸收，所以儿童应该适量食用富含各种微量元素的动物肝脏、蛋黄、肉末、鱼泥等辅助食品。除动物食品外，还要多吃牡蛎等海产品及栗子、核桃等坚果类食品。

③ 增加奶制品的摄入。奶制品不仅能促进锌的吸收，还能补充其他身体所需的营养。可让孩子每天早晚各喝一杯牛奶或酸奶。

④ 菠菜中的草酸会干扰锌的吸收，所以这类含草酸多的蔬菜食用前应先在开水中焯一下，以去除其中的草酸，然后再烹调加工。

鳝鱼金针菇汤

原材料 鳝鱼250克，金针菇15克。
调味料 盐少许。
做　法

① 将鳝鱼去内脏，洗净切段；金针菇清洗干净。

② 将鳝鱼入热油锅内稍煸，放入金针菇，加入适量清水，用大火煮沸后，改小火煮熟。

③ 最后加入少许盐调味即可。

功效 鳝鱼含锌量相当高，还有健脑的功效，与同样含锌丰富的金针菇做汤，其健脑作用更佳，适合因缺锌导致的智力低下儿童食用。

薏米莲子猪肝汤

原材料 猪肝200克，新鲜山药100克，薏米80克，通芯莲子20克。
调味料 盐适量。
做　法

① 薏米洗干净后泡8小时备用。

② 山药去皮，洗净切丁；猪肝洗净切丁，汆烫后备用。

③ 将薏米、莲子、山药放碗里加水，隔水蒸1小时后加入猪肝拌匀，加适量盐调味即可。

功效 薏米和莲子都含有丰富的锌，两者煮汤，能增强儿童的记忆力。

蛤蜊莴笋汤

原材料 蛤蜊干150克，莴笋400克，葱、姜
适量，鸡汤400克。

调味料 盐、胡椒粉各适量。

做 法

① 蛤蜊干用清水泡发备用；莴笋去皮，切
成段备用。

② 莴笋、鸡汤、葱、姜、清水，入汤
煲煮沸。

③ 加入蛤蜊肉，沸腾后转文火煲30分钟；
最后加盐、胡椒粉调味即可。

功效 蛤蜊富含锌，每100克的含锌量达
71.2毫克，莴笋富含钙和维生素，两
者同吃，营养又健康。

 # 海带牡蛎汤

原材料 牡蛎肉100克，海带丝30克，姜
适量。

调味料 料酒、盐、味精和肉汤各适量。

做 法

① 将牡蛎肉洗净，用热水浸泡发涨后去杂洗
净，切成丝或小块放入碗中；浸泡牡蛎的
水澄清后滤至碗中，一并上笼蒸1小时。

② 锅内放猪油烧热，下姜片煸出香味，烹
入料酒，加肉汤、盐，倒入牡蛎和海带
丝，煮一会儿，加入味精调味即可。

功效 牡蛎富含的锌、钙、磷三种微量元素
共同作用，有利于彼此的吸收，是补
充人体所需矿物质的绝佳食品。

 # 西红柿萝卜汤

原材料 胡萝卜1根，西红柿1个，鸡蛋1
个，姜丝、葱花各适量。

调味料 清汤2碗，盐、白砂糖各少许。

做 法

① 将胡萝卜、西红柿去皮，切厚片；鸡蛋
磕入碗中，搅成蛋液。

② 锅置火上，烧热放油，放入姜丝煸炒
几下后放入胡萝卜翻炒2分钟，加入清
汤，中火烧开。

③ 待胡萝卜熟时，放入西红柿，加入盐、
白砂糖，倒入蛋液，撒上葱花即可。

功效 西红柿有清热解毒的作用，其所含
的胡萝卜素及矿物质是缺锌补益的
佳品，对儿童疳积、缺锌性侏儒症
有一定的疗效。

奶油蘑菇汤

原材料 口蘑80克，面粉50克，黄油20克，洋葱半个，鲜虾50克，淡奶油100克。

调味料 白胡椒粉、盐各少许。

做 法

① 口蘑洗净，切片；洋葱切碎；鲜虾去虾线，洗净。

② 平底锅中放入20克黄油融化，加入面粉，把面粉炒香，倒入适量凉水，在加水的同时，用打蛋器迅速搅拌均匀。

③ 另起一锅烧热，锅里加少许黄油，放入洋葱碎炒至透明，再放入口蘑和虾，炒至虾变色后倒入面酱汤中。

④ 煮至开锅后，加入淡奶油，再放少许盐和白胡椒粉调味即可。

功效 这道汤富含纤维素及铁、锌、钙等微量元素，既可防止各种微量元素缺乏，又对孩子有健脑作用。

双耳牡蛎汤

原材料 水发木耳100克，水发银耳50克，牡蛎100克，高汤1碗，葱姜汁20克。

调味料 料酒、盐、鸡精、醋、胡椒粉各少许。

做 法

① 将木耳、银耳洗净，撕成小朵；牡蛎放入沸水锅中焯一下捞出。

② 锅内加高汤烧开，放入木耳、银耳、料酒、葱姜汁、鸡精煮15分钟。

③ 下入焯好的牡蛎，加入盐、醋煮熟，加鸡精、胡椒粉调匀即可。

功效 牡蛎的锌含量很高，一般来说，每天食用一个就可以满足人体对锌的需求。

♨ 栗子炖鸡

原材料 母鸡1只，栗子半斤，姜、蒜瓣、
小葱、八角各适量。

调味料 料酒、酱油、盐、鸡精、花椒粉各
适量。

做 法

① 母鸡宰杀干净后切块；生栗子去皮；姜
切片，小葱打结备用。

② 起锅热油，6成热时下鸡块快炒，待鸡肉
皮皱起来后盛出。

③ 另起锅，放少量油，下姜、蒜、花椒粉
炒香，然后放鸡肉，接着放一点料酒，
再放酱油煸炒。

④ 加入适量的水，没过鸡肉，放盐、葱
结、八角、花椒粉，大火煮开，转小火
炖10分钟，再把栗子放进去，再炖15分
钟左右，加适量鸡精即可。

功效 板栗含丰富的锌，搭配母鸡炖汤，
不仅可以帮助宝宝补锌，还能提
高宝宝的免疫力，常食对身体大
有裨益。

♨ 胡萝卜栗子鸡腿汤

原材料 鸡腿2只，栗子50克，莴笋100
克，胡萝卜50克，枸杞10克，
姜片、白胡椒粉适量。

调味料 盐、料酒各少许。

做 法

① 鸡腿洗净，去骨，切成小块，加入
适量的盐、白胡椒粉、料酒搅拌均
匀，腌制10分钟左右。

② 栗子煮熟去皮；莴笋、胡萝卜分别洗
净去皮，切成菱形片。

③ 取一个小汤煲，放入准备好的所有材
料，倒入少许清水，煮50分钟后，略
微加一点盐调味即可。

功效 这道汤不仅能补锌，还可帮助消
除身体疲劳，以及补充其他一些
身体所需的营养素。

青少年
增高

家长都希望自家孩子拥有一双大长腿，身材的高与矮，与多种因素有关，除了先天的遗传因素外，后天的生活习惯、营养状况等也起着至关重要的决定作用。青少年正处于长身体的关键时期，尤其对于那些身材矮小的孩子来说，饮食调养非常重要。如果饮食科学合理，则有可能弥补先天的不足。

青少年增高饮食指导

① 补充足够的蛋白质。处于发育期的青少年，对蛋白质的需求比成人高得多，如供给不足便会影响身高增长。常用来补充蛋白质的食物有：乳类、蛋类、肉类和植物类蛋白（大豆、麦谷、玉米等）。建议青少年每天吃1~2个鸡蛋。

② 补充适量的钙、磷。钙、磷是构成骨骼和牙齿的重要物质，对骨骼的发育和增长具有重要意义。青少年只有不缺乏钙和磷，才有可能长高。建议青少年多吃含钙、磷丰富的食物，如乳类、鱼类、大豆及豆制品、蛋黄、芝麻酱、西瓜子、南瓜子、核桃仁等。

③ 补充适量的铁。如果食物中供给的铁不足，必然使血红蛋白合成受阻，从而影响生长发育。含铁丰富的食物有动物肝脏和其他内脏、红肉类食物（如牛肉、羊肉等）、蛋黄、鱼以及豆类等。

④ 多喝水。水分可以促进新陈代谢，促使体内毒素排出，有助于生长发育。青少年每天需饮水2000毫升以上，可以通过清晨喝温开水、早餐喝豆浆、午餐喝菜汤、睡觉前喝牛奶、运动前喝淡盐开水等方式补水。

⑤ 多吃蔬菜、瓜果。新鲜蔬菜和水果含有对人体增高十分重要的维生素，所以应充分供给。

虾皮豆腐汤

原材料 虾皮50克，嫩豆腐200克。

做 法

① 豆腐先放入开水中焯一下，切块备用；虾皮剁碎。

② 锅置火上，放入适量清水，大火烧沸，下入豆腐块。

③ 5分钟后放入剁碎的虾皮稍煮即可。

功效 虾皮含有丰富的钙，能促进骨骼生长，加上含蛋白质丰富的豆腐，对青少年增高很有帮助。

 # 鱿鱼汤

原材料 鱿鱼200克，清汤200克，香菜末少许。

调味料 盐、酱油、料酒、味精各适量，胡椒末少许。

做 法

① 将鱿鱼划1厘米宽的十字花，再切成2厘米宽、3厘米长的块盛在盘内。

② 锅内放水，待水开下鱿鱼，氽透后倒出备用。

③ 锅内放入清汤和各调味料，加入鱿鱼，煮开后去沫，开锅后盛在碗内，撒少许香菜末即可。

功效 鱿鱼含有丰富的钙、磷和铁，对骨骼发育和造血十分有益。

腱子肉炖银耳

原材料 猪腱子肉500克，南杏仁20克，北杏仁10克，银耳10克。

调味料 盐适量。

做 法

① 将南、北杏仁洗净后，用水浸泡20分钟；银耳用冷水浸泡20分钟后去蒂，用手撕成小块备用。

② 猪腱子肉洗净，改刀切成大块。

③ 锅中放入猪腱子肉，倒入清水，大火煮沸后，用勺子撇去浮沫，继续煮2分钟后捞出，用清水冲净肉表面的浮沫。

④ 将锅洗净后，放入焯烫过的肉，倒入足量清水，大火煮开后，再充分撇去有可能再产生的浮沫，然后加入南、北杏仁和银耳，盖上盖子转小火煲2小时后，加入盐调味即可。

功效 腱子肉含丰富的蛋白质和铁，可以充分补足青少年快速生长发育所需的蛋白质。这道汤不仅可以促进骨骼生长，还可以强健骨骼。

黑芝麻大骨汤

原材料 猪骨400克，黑芝麻、黑豆各30克，枸杞适量。

调味料 鸡精、盐各适量。

功效 黑芝麻含有维生素E和芝麻素，能防止细胞老化，它还含有非常丰富的钙质，搭配黑豆、猪骨煲汤，可以有效地促进骨骼生长。

做 法

① 黑豆、黑芝麻、枸杞洗净备用；猪骨洗净剁块，氽烫后捞起。

② 把全部原材料放入锅内，加清水适量。

③ 大火煮沸后，再用小火续炖至黑豆烂熟时，放入盐、鸡精调味即成。

棒骨莴笋汤

原材料 猪棒骨500克，莴笋200克，生姜、葱、当归各少许，参须、黄芪各适量。

调味料 盐适量。

做　法

① 猪棒骨洗净后切成小段；姜切片；莴笋去皮，切成滚刀状。

② 锅中放入水和棒骨，以及一半的葱、姜，焯水后取出棒骨，重新放入砂锅中，放入水以及另一半的葱、姜和当归、参须、黄芪。

③ 煮至棒骨烂后，加入莴笋，临起锅时放入适量的盐即可。

> **功效** 这道汤可以强身健体，补脑益智，有利于促进生长发育，适合青少年定期或不定期食用。

鹌鹑蛋龙骨汤

原材料 龙骨500克，霸王花150克，鹌鹑蛋10个，陈皮、枸杞、大葱、姜、胡椒粉各适量。

调味料 盐、料酒各适量。

做　法

① 大葱切段；姜切片；鹌鹑蛋剥皮备用；霸王花用水泡开，去掉根部，撕成长条状的碎片备用。

② 将龙骨汆烫，去掉血沫，再放入砂锅中，倒入适量开水，依次下入葱段、姜片、适量料酒、陈皮、霸王花和鹌鹑蛋。

③ 盖上砂锅盖炖煮，煮开后，再用小火炖1.5小时左右。

④ 出锅前放入少许盐、胡椒粉、枸杞，再煮3~5分钟即可出锅。

> **功效** 龙骨含蛋白质、磷、锌较多，还含有钙及各种维生素，其中蛋白质、磷、钙等是组成骨细胞的重要原料。鹌鹑蛋含有大量蛋白质、磷、铁、钙等营养物质。青少年常食用这道汤可以促进身体的生长发育。

大骨桂圆汤

原材料 长骨或脊骨300克，桂圆8颗，生姜适量。

调味料 盐少许。

做 法

1. 将长骨或脊骨洗净，剁块；桂圆去皮。
2. 将长骨或脊骨、桂圆、生姜放入瓦煲内，加适量清水，置火上，大火烧沸后，转小火烧2小时以上，汤稠之后，加少许盐调味即可。

功效 动物骨中含有丰富的钙、髓质，还含有其他营养成分，有益髓生骨的作用；桂圆补中益血。大骨桂圆汤益髓养血、助骨生长效果明显。

鸡腿白菜炖豆腐

原材料 鸡腿1只，豆腐100克，白菜200克，姜丝适量。

调味料 盐、胡椒粉各少许。

做 法

1. 鸡腿洗净，剁成两块，放入锅中加清水、姜丝大火煮沸。
2. 豆腐切块；白菜洗净，撕成小块。
3. 锅中放入少许油烧热，放入姜丝炒香，再放入豆腐煸炒2分钟，倒入煮鸡腿的汤和鸡腿大火煮沸。
4. 再放入白菜块，煮3分钟，下盐、胡椒粉调味即可。

功效 这道菜可以提供丰富的蛋白质和钙，营养丰富，青少年常吃，有助于促进生长和增高。

虾仁豆腐汤

原材料 北豆腐100克，虾仁10只，西蓝花100克，葱花少许。

调味料 盐、香油各少许。

做 法

1. 虾仁洗净，去除虾线；西蓝花洗净，掰成小朵；豆腐切小块。
2. 锅中放入少量油烧热，放入葱花，再放入虾仁炒至变色。
3. 向锅中倒入适量清水，放入西蓝花和豆腐块，大火煮沸再改中火煮约8分钟，下盐和香油调味即可。

功效 虾仁可补充蛋白质及钙质，对促进生长发育有益。豆腐含有大量的磷、钙、铁等营养物质，这些物质对于强化骨质、预防贫血有一定的功效。

青少年
健脑

青少年时期是大脑发育的特殊阶段，日常饮食中形成合理的营养结构和良好的膳食习惯，对健脑益智是至关重要的。也就是说，青少年要想使脑功能处于最佳状态，使记忆力、想象力、创造力、反应能力、接受能力、应考能力及学习效率得到最佳的发挥，就必须给大脑补给充足的营养。

青少年健脑饮食指导

❶ 多吃健脑食物，如鱼（每周吃1~2次为宜）、核桃（每日坚持吃2~3颗）、牛奶（早晚各1杯）、鸡蛋（每日1~2个）、南瓜、葵花子、芝麻、香蕉等。

❷ 蛋白质有促进脑代谢的作用，因此要多吃含蛋白质丰富的食物，如肉、鸡蛋、鱼虾、牛奶、豆类和豆制品等。

❸ 适当吃些坚果类食品，如花生、核桃、葵花子等，其中含有的丰富卵磷脂、不饱和脂肪酸、钙、磷、铁等，对大脑的发育很有好处。

❹ 定时定量吃好三餐。青少年大脑的耐受力低，如果处于饥饿状态，注意力就会明显涣散，记忆力下降，思维变得迟钝，遗忘率增高。所以，青少年三餐饮食一定要定时定量，不要"饥一顿，饱一顿"的，以免引起记忆力下降、大脑反应迟钝等。

香菇鸡汤

原材料　土鸡腿2只，干香菇6朵，红枣12颗，姜2片。

调味料　料酒1大匙，盐1小匙。

做　法

① 将土鸡腿剁小块，余烫去除血水后冲净。

② 香菇泡软、去蒂；红枣泡软。

③ 将所有原材料放入炖盅内，加入料酒，再加开水6杯，外锅加水2杯半，加盖蒸40分钟。

④ 起锅前加盐调味，拌匀后即可盛出食用。

> **功效**　香菇含有丰富的精氨酸和赖氨酸，常吃可健脑益智。

海带花生排骨汤

原材料　海带200克，花生仁100克，猪排骨300克。

调味料　盐、鸡精各适量。

> **功效**　这道汤可以强身健体，补脑益智，有利于促进生长发育，适合青少年定期或不定期食用。

做　法

① 海带、花生、排骨分别洗净；排骨剁成块；海带用水泡发洗净并切成片或丝。

② 花生仁用热水泡涨，然后置锅中加水，放入排骨同煮。

③ 大火煮沸后撇去浮沫，加入海带，后改用中火保持一定沸度继续煮半小时至1小时。

④ 直至肉熟易脱骨时加入盐、鸡精调味即可。

做 法

1. 草鱼去鳞、去内脏处理干净后，片下鱼肉，然后将鱼皮面朝下，用刀斜切出2毫米的厚片。
2. 将片好的鱼片加入蛋清、干淀粉和盐拌匀；雪菜洗净攥干水分，切成1厘米长的小段。
3. 炒锅内倒入油烧热，转小火，倒入鱼片炒散，见颜色转白即捞出，沥干油。
4. 锅内留底油，烧至7成热后放入姜丝、雪菜爆香，再放入鱼片、冬笋片，加入适量的水，调入料酒、白胡椒粉、白砂糖、鸡精，转大火烧开即可。

雪菜鱼片汤

原材料 草鱼1条，雪菜50克，水发冬笋70克，鸡蛋1个，白胡椒粉、干淀粉、姜丝各适量。

调味料 盐、白砂糖、鸡精、料酒各适量。

功效 鱼肉对人的大脑神经系统具有明显的保护和调节作用，能促进神经干细胞、脑神经细胞发育，修复脑细胞损伤，抑制脑细胞死亡，增加神经细胞数量，从而提高智力、增强记忆力、强化思维分析能力和视觉神经的分辨能力。

鲫鱼汤

原材料 鲫鱼1条，葱1小段，姜1片。
调味料 盐适量。
做 法

① 鱼宰杀洗净，用厨房纸巾擦干净鱼身上的水。

② 起锅热油，放鱼。小火慢煎至两面金黄，另一个炉灶上坐汤锅加水，大火烧开。

③ 将煎好的鱼连油一起倒入沸腾的汤锅中。

④ 放入葱、姜，开大火至汤沸起，持续3~5分钟后再转小火，烧1小时，加盐调味即可。

 功效 鱼中所含的DHA和牛磺酸对青少年的大脑发育极为有益。

鹌鹑蛋桂圆汤

原材料 银耳1朵，鹌鹑蛋10个，百合、桂圆肉、莲子、枸杞各20克。
调味料 冰糖适量。

做 法

① 鹌鹑蛋先煮熟，剥去壳；银耳洗净去蒂，撕去周围黄色部位，用温水泡半小时后撕成几小块。

② 把百合、莲子、枸杞和桂圆肉洗净，倒入瓦煲内，加4碗水，浸泡1小时。

③ 倒入银耳，大火煮开，转中小火煲1小时；放入鹌鹑蛋和冰糖，煮10分钟后即可食用。

功效 鹌鹑蛋有益气养血、安神定志之功效。这道汤鲜而不腻，口味宜人，富含蛋白质及人体必需的多种氨基酸，可以开发儿童智力，增强记忆力及促进生长。

 核桃仁猪骨汤

原材料 猪棒骨500克，莲藕
300克，核桃仁20克。
调味料 盐适量。

做　法

① 猪棒骨剁块，洗净后汆烫去浮沫；核桃仁去皮；莲藕去皮洗净，切成小块。

② 锅内加水，放入猪棒骨、核桃仁，大火烧开，转小火炖1小时。

③ 加入莲藕再炖1小时左右后加盐调味即可。

功效 这道汤有补充营养、宁心安神、健脑益智的功效。

 鲜虾草菇汤

原材料 鲜虾200克，草菇8朵，香茅1根，
青柠檬半个，香菜适量，姜1块。
调味料 椰汁、盐、白砂糖、白胡椒粉、鱼
露、冬荫功酱各适量。

功效 虾仁和草菇，一荤一素，营养全面丰富，可为青少年大脑提供充足的营养。

做　法

① 草菇洗净，对半切开；鲜虾去皮、去头、去虾线；香茅洗净，切碎末；姜去皮后切薄片。

② 锅中的水烧开后，放入草菇焯3分钟，捞出备用。

③ 大火煮开600毫升的水，放入切好的香茅、香菜、姜，用中火煮出香味（大约30分钟）后，将煮好的水过滤出来备用。

④ 将滤出的水再次大火煮开后，放入焯好的草菇、冬荫功酱、虾，调入鱼露、盐、白砂糖、白胡椒粉，搅匀后，用勺子将浮沫撇掉。

⑤ 挤入柠檬汁，最后临出锅前倒入椰汁即可。

🍲 鲫鱼豆腐汤

原材料 鲫鱼1条（约1斤重），豆腐100
克，葱段、姜片各适量。

调味料 黄酒、盐各适量。

做　法

① 鲫鱼清理干净，抹上黄酒、盐腌10分钟。

② 豆腐切片，锅内放水、加点盐，烧开放
入豆腐煮5分钟后捞出备用。

③ 起锅热油，放入姜片爆香，下鲫鱼煎至
两面金黄，加水，大火烧开后转小火慢
炖1小时左右。

④ 加入豆腐片和葱段，再煮半小时，出锅
放盐调味即可。

功效 鱼是促进智力发育的首选食物之
一。鱼头中含有的卵磷脂是人脑
中神经递质的重要来源，可增
强人的记忆、思维和分析能力，
并能抑制脑细胞的退化，延缓衰
老。鱼肉还是优质蛋白质和钙质
的极佳来源，特别是含有大量的
不饱和脂肪酸，对大脑和眼睛的
正常发育尤为重要。

🍲 花生冬菇猪蹄汤

原材料 猪脚1000克，花生100克，冬菇
8朵。

调味料 盐适量。

做　法

① 猪脚洗净剁块，氽汤后捞出，用冷水
洗净。

② 花生焯一下水，约2分钟，熄火闷10分
钟，沥水备用。

③ 将猪脚放入高压锅中，加水至多过猪脚1
倍的水位，然后煮至喷气，计时煲4~6分
钟，熄火待高压锅自然排压后，加入花
生、冬菇中火煲1小时，加入少许盐调味
即可。

功效 这道汤含有丰富的脂肪、糖类、
蛋白质、维生素E、钙和铁等，这
些都是青少年身体成长和大脑发
育极为需要的物质。

孕早期
（1~3个月）

孕早期的准妈妈受妊娠反应的困扰总是吃不下东西，有的准妈妈还会出现吃东西就吐的现象，因此担心会影响胎儿的发育。这种时候，准妈妈可以注意营养均衡，少食多餐，尽量选择营养又开胃的食物，以满足胎儿生长发育的需要。

怀孕早期饮食指导

① 孕早期的准妈妈每天需补充35~40克优质蛋白质（相当于粮食200克、鸡蛋1个和瘦肉50克）才能维持体内的蛋白质平衡。应选择容易消化、吸收、利用的优质蛋白质，如畜禽肉类、乳类、蛋类、鱼类及豆制品等。

② 为保证碘和锌的摄入，准妈妈每周至少应吃一次海产品，如虾、海带、紫菜等。

③ 多食牛奶及奶制品。牛奶不仅含有丰富的蛋白质，还含有多种人体必需的氨基酸、多种微量元素（如钙、磷等），以及维生素A和维生素D等。如不喜欢喝牛奶，可用酸奶或豆浆代替。

④ 多吃含叶酸丰富的食物，如菠菜、西红柿、胡萝卜、青菜、花椰菜、油菜、扁豆、蘑菇等。

⑤ 孕早期的膳食以简单、清淡、易消化吸收为原则。为满足准妈妈的饮食特点和口味变化，烹调时可用少量酸、辣、甜味来提高食物的色、香、味，少用油和刺激性强的调味料。

紫菜豆腐汤

原材料 豆腐300克，紫菜（干）40克，西红柿100克。

调味料 小米面1匙，盐少许。

做 法

① 紫菜先用不下油的白锅略烘，再洗干净，用清水浸开，再用沸水煮一会儿，拭干水分，剪成粗条；豆腐切成小方粒备用。

② 西红柿切成小块，烧热锅，加约2汤匙油，放入西红柿略炒，加入水1碗，待沸后，再加入豆腐粒与紫菜条同煮。

③ 以1汤匙小米面混合半碗水，加入煮沸的紫菜汤内，加盐调味，便可关火进食。

功效 紫菜可利尿消肿、健脑益智；豆腐有健脾益气、清热润燥、生津止渴、清洁肠胃的功效，两者搭配，尤其适宜炎热的夏天食用。

萝卜炖羊肉

原材料 羊肉500克，白萝卜300克，生姜少许，香菜适量。

调味料 盐、胡椒、醋各适量。

做 法

① 将羊肉洗净，切成2厘米见方的块。

② 白萝卜洗净，切成3厘米见方的块；香菜洗净、切段。

③ 将羊肉、生姜、盐放入锅中，加适量清水，大火烧开，后改小火炖1小时，再放入白萝卜块煮熟，加入香菜、胡椒和少许醋调味即可。

功效 羊肉味甘、性温，能补血益气、温中暖肾，营养丰富且味道鲜美，可增强食欲，加入白萝卜不仅可以去除羊肉的膻味，还能助消化，尤其适合孕早期的准妈妈食用。

🍲 鸡汤豆腐小白菜

原材料 豆腐100克，鸡肉100克，小白菜50
克，鸡汤1碗，姜丝适量。

调味料 盐、鸡精各少许。

做 法

1. 豆腐洗净，切成3厘米见方、1厘米厚的
块，用沸水汆烫后捞起备用。

2. 将鸡肉洗净切块，用沸水汆烫，捞出来
沥干水备用；小白菜洗净切段备用。

3. 锅置火上，加入鸡汤，放入鸡肉，加适
量盐、清水同煮。

4. 待鸡肉熟后，放入豆腐、小白菜、姜
丝，煮开后加入盐、鸡精调味即可。

> **功效** 这道汤可以帮助孕妈妈补充叶酸，
> 还可以增强消化功能、增进食欲，
> 并且对胎儿神经、血管、大脑的发
> 育都很有好处。

🍲 红白豆腐汤

原材料 豆腐100克，猪血100克，葱小
半根，姜1片，蒜1瓣，水淀粉2
大匙。

调味料 醋4小匙，盐半小匙，胡椒粉、鸡
精、香油各少许。

做 法

1. 将豆腐和猪血洗净，切粗丝备用；葱洗
净后切少许葱花，剩余切丝备用；姜洗
净切丝备用；蒜洗净切片备用。

2. 锅中放油烧热，放入葱丝爆香，倒入3
碗水，加入豆腐、猪血一同煮沸。

3. 将姜丝、蒜片、醋、盐、鸡精、胡椒粉
加入汤中稍煮，用水淀粉勾稀芡，撒上
葱花，淋入香油即可。

> **功效** 这道汤补虚强筋骨，很适合怀孕
> 早期全身无力、疲倦虚弱的准妈
> 妈食用。

黄豆芽蘑菇汤

原材料 鲜蘑菇、黄豆芽各100克，高汤200克，葱花少许。

调味料 盐、香油各1小匙。

做 法

① 蘑菇去蒂洗净，切片备用；黄豆芽洗净备用。

② 锅置火上，放入高汤烧开，先将黄豆芽放进去煮10分钟左右，再放入蘑菇，用小火煮10分钟左右。

③ 放入盐，撒上葱花，淋入香油即可。

功效 这道汤味道鲜美，可以为孕妈妈提供多种氨基酸，同时可以抵抗各种病毒的入侵，保持身体健康，为胎儿营造一个安全、健康的成长环境。

 # 土豆炖鸡

原材料 土鸡1只，土豆300克，葱白2段，姜3片，八角2粒，花椒适量。

调味料 红糖、酱油各1小匙，盐适量。

功效 这道汤口味清淡，特别适合没有食欲的孕早期妈妈食用，不仅能保证孕早期妈妈的营养摄入，还有温中益气、帮助消化的作用。

做 法

① 将鸡去毛、去内脏，用清水洗净，切成2厘米见方的大块；将土豆洗净，去皮后切成2厘米见方的块备用。

② 锅内加入植物油烧热，放入花椒、八角、姜片，爆香后放入鸡块，翻炒均匀。

③ 加入土豆、盐、酱油、红糖，炒至鸡块颜色变成金黄色后放入葱白和适量水（以刚没过鸡块为宜），先用大火煮开，再用小火炖1小时左右即可出锅。

榛蘑炖笋鸡

原材料 笋鸡半只，榛蘑200克，葱、姜各
适量。

调味料 白砂糖、盐各适量。

做 法

① 笋鸡和葱、姜切块备用；榛蘑提前用凉
水泡十几分钟，把根部剪去约1厘米，
挤干水备用。

② 起锅，倒入少许底油，放入榛蘑，用小
火煸炒，然后加入大块葱、姜煸炒，再
加入适量水，加盖煮制。

③ 另起锅，倒入少许底油，放入葱、姜
爆香，将切好洗净的鸡块下锅煸炒至
金黄。

④ 把鸡块滗去油后下入煮榛蘑的锅中，用
中小火炖制半小时，最后调入适量盐和
白砂糖即可。

> **功效** 这道汤对妈妈孕期疲劳有不错的
> 食疗效果。笋鸡对倦怠无力、腰
> 膝酸软有很好的缓解作用。

开胃鱼片

原材料 鲈鱼1条，四川酸菜200克，土豆1
个，白菜100克，葱、姜、蒜、白
胡椒粉、红薯淀粉各适量。

调味料 料酒、盐各适量。

做 法

① 鱼肉切片，白菜、土豆切块备用；酸
菜、葱切段，姜切末，蒜拍碎。

② 起锅热油，下葱、姜、蒜翻炒煸香，下入
鱼头、鱼骨大火煸炒，加入料酒，炒至稍
微有一些焦边后，倒入适量开水，将锅内
所有食材倒入开水锅中煮制底汤。

③ 鱼片中加入适量料酒、白胡椒粉腌制，
再加入浓稠的红薯淀粉上浆。

④ 起锅，倒入少量底油，下入葱、姜、蒜
略微煸炒后，下入酸菜翻炒，然后加入
土豆、白菜等配菜。

⑤ 锅中倒入鱼骨汤，烧至开锅后，将鱼片
下锅汆制，熟后加适量盐即可。

> **功效** 这道汤有清热、除烦、生津、止
> 吐的功效，能有效缓解孕期口渴
> 心烦、胃热呕吐等不适症状。

孕中期
（4~7个月）

孕中期时胎儿已逐渐长大，准妈妈的胃口也开始好转，对营养的需求也越来越大，所以饮食种类要丰富，营养搭配要合理。

怀孕中期饮食指导

❶ 孕中期的准妈妈易出现便秘、烧心等不适症状，应多吃些富含纤维素的食物，如芹菜、白菜、粗粮等；烧心多是由于摄入糖分过多，可多吃些萝卜，因其含有消化糖的酶类。

❷ 补钙在孕中期非常重要，小腿抽筋是缺钙的信号。中国营养学会建议孕早期每日钙的摄入量为800毫克，孕中期为每日1000毫克，孕晚期和哺乳期为每日1200毫克。准妈妈一定要多吃富含钙质的食物，如奶类及奶制品、豆制品、鱼、虾等。

❸ 孕中期需要补充铁质来防止贫血。中国营养学会建议孕中期每日铁的供给量为25毫克。准妈妈应当多吃含铁丰富的食物，如动物血、肉类、肝脏、菠菜等。同时，多补充维生素C以利于提高铁的吸收率。

❹ 在主食方面不要单调，应以米面和杂粮搭配食用。副食要做到全面多样，荤素搭配，要多吃些富含多种营养素的食物，如猪肝、瘦肉、蛋类、海产品、鱼虾、乳制品、豆制品等，并且要多吃些新鲜的黄绿色叶菜类和水果，以保证胎儿的正常生长发育。

黄瓜银耳汤

原材料　嫩黄瓜100克，泡发的银耳100克，红枣5颗。

调味料　盐1小匙，白砂糖适量。

做　法

① 将黄瓜洗净、去籽，切成薄片；银耳洗净，撕成小朵；红枣用温水泡透备用。

② 锅置火上，放油烧热，加适量清水，用中火烧开，放入银耳、红枣，煮5分钟左右。

③ 放入黄瓜片，加入盐、白砂糖，煮开即可。

功效　黄瓜含有丰富的维生素，银耳具有润肺、养胃、滋补、安胎的作用，两者煮汤，不仅营养丰富，还具有美容的效果，爱美的孕妈妈不妨尝试一下。

木耳猪血汤

原材料　猪血250克，水发木耳50克，青蒜半根。

调味料　盐半小匙，香油少许。

做　法

① 将猪血洗净，切块备用；木耳洗净，撕成小朵备用；青蒜洗净，切末备用。

② 锅置火上，放入猪血和木耳，加入适量清水，用大火烧开，再用小火炖至血块浮起。

③ 加入青蒜末，加入盐，淋入香油即可。

功效　木耳含有丰富的纤维素和一种特殊的植物胶原，能够促进胃肠蠕动，防止便秘，其中铁的含量也十分丰富，与含铁质丰富的猪血搭配食用，可以帮助孕妈妈预防贫血，防治便秘。

🍲 菠菜瘦肉丸子汤

原材料 菠菜150克，瘦猪肉150克，葱末3小匙，姜末1小匙。

调味料 酱油、水淀粉各1大匙，香油1小匙，盐、鸡精各适量。

做 法

❶ 将菠菜摘洗干净，切成4厘米左右的段；将猪肉洗净，剁成泥，加少许盐、酱油顺一个方向搅动，再加入水淀粉、葱末、姜末、香油搅匀。

❷ 锅置火上，加适量水，烧开后，改用小火，把调好的猪肉泥制成小丸子下锅，烧熟后，加适量盐、鸡精。

❸ 放入菠菜段，开锅后淋入香油即可。

功效 猪肉含有丰富的优质蛋白质和人体所需的脂肪酸，并且能够提供血红素（有机铁）和促进铁吸收的半胱氨酸；菠菜中含有大量的植物粗纤维，具有促进肠道蠕动的作用，利于排便。有便秘和贫血症状的孕妈妈不妨多食。

🍲 枸杞苋菜汤

原材料 苋菜500克，大蒜8瓣，枸杞少许。

调味料 盐适量。

做 法

❶ 将苋菜洗净，切段；大蒜洗净，去皮备用。

❷ 锅置火上，放油烧热，放入蒜粒，用小火煎黄。

❸ 在煎蒜的锅中加入清水，煮沸后加入苋菜，待汤再次煮沸，撒上枸杞，加盐调味即可。

功效 孕妈妈喝此汤不仅能吸收苋菜的营养，补血强身，还可以通过食用大蒜达到通便润肠的功效。

香菇菜叶粉丝汤

原材料 嫩芹菜叶100克，粉丝40克，香菇2
朵，葱花、姜末各适量。

调味料 盐、味精、香油各适量。

做 法

❶ 嫩芹菜叶洗净；粉丝用温水泡至回软；
香菇水发后去蒂，切小块。

❷ 锅中加入色拉油烧至5成热，放入葱花、
姜末炝锅，放入香菇块翻炒后盛出，锅
中加入适量清水煮开。

❸ 放入粉丝，加盐、味精调味，加入芹菜
叶，煮沸后淋入香油即可。

> **功效** 这道汤具有补脾胃、益气血、助消
> 化的作用，同时还可以帮助孕妈妈
> 增强免疫力，防治神经衰弱。

白菜粉丝汤

原材料 白菜200克，豆腐1块，粉丝1小把。

调味料 盐、香油各适量。

做 法

❶ 白菜洗净，撕成小块；豆腐切块；粉丝
泡水至软。

❷ 锅内烧热油，先下白菜块，翻炒一会
儿，倒入豆腐块，翻匀后倒入水。

❸ 水开后下粉丝，煮熟，出锅前放盐，加
少许香油调味。

> **功效** 这道汤可以帮助孕妈妈补充丰富的
> 钙质，促进宝宝的生长发育。白菜
> 清热解毒，还可以预防便秘。

🍲 鸡肝豆苗汤

原材料　鸡肝2个，鸡汤250克，豌豆苗50克。

调味料　盐、料酒各适量，胡椒粉少许。

做　法

① 鸡肝用清水洗一遍，捞出来沥干水，切成薄片，加入料酒和适量清水浸泡2分钟左右。将豌豆苗洗净，投入沸水中略余烫一下捞出。

② 锅内加入鸡汤烧开，下入鸡肝，小火余烫至嫩熟捞出，放入汤碗内。

③ 撇去锅内汤面上的浮沫，加入盐、胡椒粉调好味，大火煮开。

④ 将豌豆苗放入盛鸡肝的碗中，倒入鸡汤即可。

功效　鸡肝中铁的含量相当丰富，可以有效地帮助孕妈妈预防贫血。鸡肝中含有微量元素硒，能够帮助孕妈妈提高自身的免疫力，同时还具有抗氧化、防衰老的功效。

🍲 木瓜炖乳鸽

原材料　乳鸽1只，木瓜1个，莲子15克，枸杞3克，牛奶100毫升，葱、姜、胡椒粉各适量。

调味料　盐、料酒各适量。

功效　这道汤含有丰富的维生素和蛋白质，对胎儿的中枢神经系统和大脑的发育有很好的促进作用，常食可以帮助孕妈妈增强身体的抵抗力，预防感冒。

做　法

① 乳鸽宰杀干净后切成块；木瓜去皮和籽后切成大块；大葱切段，姜切片备用。

② 锅中加水，开火，放入乳鸽简单焯制；锅开后，将乳鸽捞出放入砂锅中，砂锅中加入适量开水。

③ 砂锅中依次加入莲子、枸杞、葱段、姜片、少量料酒，盖上盖，用小火煮约1小时。

④ 放入木瓜和牛奶，盖上盖，再炖十几分钟，加少许盐和胡椒粉调味即可。

蘑菇炖豆腐

原材料 豆腐200克，鲜蘑菇100克，高汤1碗。

调味料 酱油、香油、盐、料酒各适量。

做 法

1. 将蘑菇洗净，撕成小片备用。
2. 将嫩豆腐切成小块，放入冷水锅中，加入少许料酒，用大火煮至豆腐起孔。
3. 将煮豆腐的水倒掉，加入高汤、鲜蘑菇、酱油，用小火炖20分钟左右。
4. 加入盐和香油调味即可出锅。

功效 这道汤味道鲜美，含有丰富的蛋白质和钙，可以帮助孕妈妈补充所需的营养。豆腐中含有的卵磷脂能够促进胎儿大脑和神经系统的生长发育。

孕晚期
（8~10个月）

孕晚期是胎儿快速发育的阶段，此时的胎儿生长迅速，体重增加较快，对能量的需求也达到高峰。为了迎接分娩和哺乳，孕晚期准妈妈的饮食营养较孕中期应有所增加和调整。

怀孕晚期饮食指导

① 适当增加豆类蛋白质，如豆腐和豆浆等，提倡加食鸡蛋，每天1~2个。

② 多食用海产品，如海带、紫菜；适当吃些动物内脏和坚果类食品，补充维生素A、维生素C及钙、铁等。

③ 适当吃些杂粮，如杂合面、小米、玉米等，补充维生素B。

④ 多吃鲫鱼、鲤鱼、萝卜和冬瓜等食物，有助于缓解水肿症状。

⑤ 多吃核桃、芝麻和花生等含丰富不饱和脂肪酸的食物，以及鸡肉、鱼肉等易于消化吸收且含丰富蛋白质的食物。

⑥ 多选用芹菜和莴苣等含有丰富维生素和矿物质的食物。

⑦ 少进食含丰富糖类和脂肪的食物。建议准妈妈选择体积小、营养价值高的食物，如动物性食品；减少营养价值低而体积大的食物，如土豆、红薯等。

⑧ 注意控制盐分和水分的摄入量，以免发生浮肿，从而引起怀孕中毒症。有水肿的准妈妈，食盐量应限制在每日5克以下。

木耳冬瓜汤

原材料 冬瓜500克,木耳10克,生姜适量。
调味料 盐、蘑菇精、香油各适量。
做 法

1. 将冬瓜去皮、瓤及籽,切片;木耳放水中泡好,撕成小朵;生姜洗净,拍松。
2. 锅中倒入适量水,放入冬瓜片,煮3~5分钟,再放入木耳,加热约3分钟,再加入生姜,最后用蘑菇精、盐调味。
3. 将汤盛入汤碗中,淋入香油即可。

功效 木耳含有丰富的蛋白质和铁,可以促进生长发育;冬瓜有清热解毒、利水消肿的作用。这道汤既可以促进胎儿的生长发育,又能预防孕妈妈的妊娠期水肿。

笋片炖豆腐

原材料 豆腐200克,水发笋片25克,高汤1碗。
调味料 酱油1大匙,香油、盐各1小匙,料酒适量。

做 法

1. 笋片洗净,切成丝备用。
2. 将嫩豆腐切成小块,放入冷水锅中,加入少许料酒,用大火煮至豆腐起孔。
3. 将煮豆腐的水倒掉,加入高汤、笋丝、酱油,用小火炖20分钟左右,加入盐和香油调味即可出锅。

功效 竹笋含有多种抗病毒成分,可以帮助孕妈妈增强身体的免疫力,其中所含的酪氨酸酶,具有溶解胆固醇、降低血压的功效;豆腐具有清热润燥、清洁肠胃的功效。两者搭配能够帮助孕妈妈有效地防治便秘和妊娠高血压。

红枣黑豆炖鲤鱼

原材料　鲤鱼1条（约500克），红枣10颗，
黑豆20克。

调味料　盐、鸡精适量。

做　法

① 鲤鱼去鳞、鳃、内脏，洗净；红枣去
核，洗净。

② 黑豆洗净，放锅中炒至豆壳裂开。

③ 将鲤鱼、黑豆、红枣放入炖盅里并加入
适量水，盖好，隔水炖3小时。

④ 调入盐、鸡精即可。

> **功效**　鲤鱼有补中益气、利水通乳的功
> 效，黑豆可治脚气水肿，红枣也有
> 治疗全身浮肿的作用。此汤对妊娠
> 期手足发肿或患有寒冷症、手足
> 冰冷者有效，可预防孕妈妈发生
> 水肿。

冬瓜鲤鱼汤

原材料　鲤鱼200克，冬瓜150克，青菜50
克，生姜适量。

调味料　盐适量。

做　法

① 鲤鱼剖洗干净，切花刀；冬瓜洗净，切成
片状；青菜洗净切碎；生姜洗净，拍松。

② 起锅，加入适量清水烧开，放入鲤鱼和
拍松的生姜。

③ 再烧开后撇去浮沫，放入冬瓜，用中火
续烧10分钟。

④ 取出生姜块，放入盐，投入青菜同煮2
分钟后即成。

> **功效**　鲤鱼的脂肪多为不饱和脂肪酸，能
> 很好地降低胆固醇，防止肥胖；冬
> 瓜具有利尿的功效，能排出水分，
> 减轻体重。鲤鱼和冬瓜营养都非常
> 丰富，且含热量较低，常食不会长
> 胖，还能增强体质。

赤豆排骨汤

原材料　赤豆100克，排骨100克。

调味料　盐适量。

做　法

① 将赤豆洗净浸泡一夜；排骨洗净，用水
煮开去浮沫，备用。

② 锅内加适量清水，放入赤豆和排骨，大
火煮开，再改用小火煮40分钟即可。

③ 加入盐调味即可食用。

> **功效**　赤豆有极强的消肿功效，还能健脾
> 养胃、益气固肾。孕中晚期腿部浮
> 肿比较明显的，可以经常吃赤豆以
> 帮助消肿。

🍲 冬瓜肉丸汤

原材料 冬瓜250克，香菜2根，肉馅250克，鸡蛋1个（只用蛋清），葱1根，姜片、姜末各适量。

调味料 料酒、盐、酱油、白胡椒粉、香油各适量。

做 法

① 冬瓜去皮，去籽，切成5毫米厚的片；香菜切成2厘米长的小段；葱切末。

② 肉馅放入大碗中，调入料酒、盐、酱油、白胡椒粉，搅拌均匀；放入葱、姜末，继续搅拌；放入1个鸡蛋的蛋清，沿着同一个方向（顺时针或逆时针）快速搅拌上劲。

③ 锅中倒入清水，放入姜片，大火加热，水开后，将肉馅挤成丸子，放入水中，开锅后用勺子撇去锅中的浮沫。

④ 倒入冬瓜片，煮3分钟后，调入盐、白胡椒粉和香油，搅拌几下，盛入碗中，撒上香菜即可。

功效 冬瓜是一种药食兼用的蔬菜，因含维生素C较多，且钾盐含量高，钠盐含量较低，所以很适合需低钠食物的高血压患者食用。

🍲 干贝海带冬瓜汤

原材料 冬瓜150克，水发海带50克，干贝25克，小葱1小把，姜1片。

调味料 料酒2小匙，盐适量。

做 法

① 将干贝用冷水泡软，去净泥沙后放入锅内。

② 将小葱择洗干净，打成结，放入盛干贝的锅中，加入姜片、料酒和少许清水，用中火煮至酥烂。

③ 将海带洗净，切成菱形块；冬瓜去皮去籽，洗净后切成块。

④ 另起锅加入植物油，烧至5成热，放入冬瓜、海带，煸炒2分钟左右，注入3碗半清水，大火煮半小时。

⑤ 将干贝连汤倒入锅中，大火煮15分钟左右，待冬瓜熟烂时，加盐调味即可。

功效 这道汤含有丰富的蛋白质、钙、铁、锌、碘等营养成分。冬瓜具有利水消肿、清热解毒的独特功效，对孕妈妈的生理性水肿有很好的缓解作用。

冬瓜海带肉汤

原材料 冬瓜500克，海带200克，瘦肉250
克，陈皮2块。

调味料 盐适量。

做 法

❶ 将冬瓜去皮，然后洗净；海带浸水洗净
后切断。

❷ 煲中加入8碗水，下入冬瓜、海带、陈
皮和瘦肉煲约2小时，加盐调味即可。

功效 这道菜鲜嫩爽脆，富含优质蛋白
质、钙、磷和铁，有利于胎儿骨骼
的生长发育。冬瓜利水消肿，也可
以预防孕妈妈孕晚期水肿。

 # 味噌汤

原材料 豆腐100克，海带50克，金针菇30
克，豆芽20克，虾仁适量。

调味料 味噌1大匙，盐少许。

做 法

❶ 海带提前泡发，蒸熟，切小块；虾仁取
出肠线，洗净；金针菇剪去根部；豆腐
切块；豆芽择洗干净。

❷ 锅中放入适量水，放入海带煮3分钟，
再放入豆腐、金针菇煮5分钟，放入味噌
搅拌均匀。

❸ 大火煮开后放入虾仁煮至变色，最后放
入豆芽，下盐调味即可。

功效 此汤含有丰富的不饱和脂肪酸，对
胎儿大脑和神经系统的发育有很好
的促进作用。其中含有的蛋白质、
脂肪、碳水化合物等，具有补虚
损、益胃气的功效。

产后
补血

怀孕期间大约有一半的准妈妈都患有缺铁性贫血，加上分娩和产后排恶露的过程中，新妈妈还要失去一部分血。因此，产后新妈妈的饮食首先应以补血为主，以预防贫血。

产后补血饮食指导

① 多食补血食物，如猪肝、红枣、黑木耳、桂圆、黑豆、胡萝卜、面筋、金针菜、发菜等。炒猪肝、猪肝红枣羹、姜枣红糖水、山楂桂枝红糖汤、姜汁薏米粥、黑木耳红枣汤等饮食的补血功效都很不错。

② 维生素C可以促进人体对铁的吸收和利用。多食含有丰富维生素C的食物，对帮助新妈妈补血有很大的好处。

③ 出现贫血的时候，新妈妈往往食欲不佳或消化不良。因此，在烹调的时候要特别注意食物的色、香、味。色香味俱全的佳肴不仅能促进食欲，还可以刺激胃酸分泌，提高身体对营养的吸收率。

④ 如果生产时出血比较多，可以服用一些补血的保健品，如东阿阿胶补血口服液、复方红衣补血口服液等，但最好事先咨询医生。

🍲 红豆红枣乌鸡汤

原材料 乌鸡半只，红豆50克，红枣5颗，马蹄适量，葱少许，生姜1块。

调味料 高汤和盐各适量，料酒1大匙，鸡精、胡椒粉各少许。

做 法

① 红豆用温水泡透；乌鸡砍成块；马蹄去皮；生姜去皮切片；葱切段。

② 锅内加水，烧开后放入乌鸡，用中火煮3分钟至血水尽时，捞起冲净。

③ 将红豆、乌鸡、红枣、马蹄、生姜放入砂锅中，加入高汤、料酒、胡椒粉，加盖，用中火煲开，再改小火煲2小时。

④ 最后加入盐和鸡精，继续煲15分钟，撒上葱段即可。

功效 红豆不但健脾益胃、利尿消肿，而且能补血，搭配乌鸡煲汤，是一道补血养虚、调经止带的最佳汤饮，非常适合产后恶露不止、身体虚弱的女性食用。

🍲 豆腐山药猪血汤

原材料 猪血200克，豆腐200克，鲜山药100克，葱花、姜末各少许。

调味料 香油5～10滴，盐、鸡精各适量。

做 法

① 将鲜山药去皮洗净，切成小块备用；猪血和豆腐切块备用。

② 锅中加适量清水，加入山药、姜末和盐，用大火烧开。

③ 5分钟后，加入豆腐和猪血，用小火煮20分钟左右。

④ 加入葱花、鸡精，淋入香油即可出锅。

功效 山药具有健脾补肺、固肾益精的功效，对于产妇的身体恢复十分有益。豆腐可以补钙，而猪血有解毒清肠、补血美容的功效，都是产后妇女的进补美食。

🍲 花生红枣莲藕汤

原材料 猪骨200克，莲藕150克，花生50克，红枣10颗，生姜1块。

调味料 盐适量，鸡精、料酒各少许。

做 法

① 将花生洗净；猪骨洗净，剁成块；莲藕去皮，切成片；红枣洗净；生姜切丝。

② 锅中放入适量清水，烧开后放入猪骨，用中火煮尽血水，捞起，用凉水冲洗干净。

③ 将猪骨、莲藕、花生、红枣、姜丝一同放入炖锅中，加入适量清水，加盖炖约2.5小时，调入盐、鸡精、料酒即可食用。

功效 莲藕含铁量高，对缺铁性贫血有食疗作用；红枣也是补血佳果。这道花生红枣莲藕汤非常适合产后1～2周的产妇食用。

素笋耳汤

原材料　冬笋200克，水发黑木耳100克，香菜1根、葱姜汁适量，高汤1碗。

调味料　盐、鸡精、香油各适量。

做　法

① 先将冬笋去皮洗净，切成薄片，入沸水中略烫捞出，放凉水中过凉后捞出控水。

② 黑木耳洗净，择成小朵；香菜去叶洗净后切成小段。

③ 锅置火上，倒入高汤，加入葱姜汁，再放入笋片、黑木耳片。

④ 待汤煮沸时，用勺撇去浮沫，放入香菜梗，加盐和鸡精调味，淋上香油，搅匀后盛入碗中即可。

功效　每100克黑木耳中含铁185毫克，经常食用，对产妇补血大有裨益。

黑豆红枣汤

原材料　黑豆50克，红枣10颗。

调味料　红糖适量。

做　法

① 黑豆洗净，浸泡12小时；红枣洗净备用。

② 将黑豆、清水放入砂锅中，大火煮开，小火炖到豆熟。

③ 加入红枣、红糖再炖20分钟即可。

功效　红枣富含维生素C，而维生素C有助于促进铁的吸收，能提升补气血的功效。

黑木耳豆腐汤

原材料　黑木耳20克，豆腐2块，胡萝卜半根，葱2段，姜1片。

调味料　盐、鸡精和香油各少许，鸡汤适量。

做　法

① 黑木耳用温水泡发，去蒂，洗净；豆腐洗净，切成1厘米厚的片；胡萝卜洗净，切成丁；葱洗净，切成末；姜洗净，切成末。

② 锅内加入鸡汤，倒入胡萝卜丁、黑木耳，调入盐、葱末、姜末，炖10分钟。

③ 烧沸后放入豆腐片、鸡精，淋上适量香油即可。

> **功效**　木耳的含铁量较高，是一种非常好的天然补血食物，搭配含钙丰富的豆腐以及含维生素丰富的胡萝卜一起炖汤，补血又养颜。

 # 胡萝卜炖牛腩

原材料　牛腩500克，胡萝卜250克，香菜、姜各少许，葱2棵。

调味料　酱油2大匙，豆瓣酱、番茄酱、白砂糖、料酒各1大匙，甜面酱半大匙，八角1粒，盐适量。

> **功效**　胡萝卜中含有大量的铁，对治疗贫血有很大作用。牛腩可以补中益气，滋养脾胃。胡萝卜和牛腩一起搭配，可以为产后妈妈补充全面而均衡的营养。

做　法

① 将牛腩洗净，放入开水中煮5分钟，取出冲净。另起锅加清水烧开，将牛腩放进去煮20分钟，取出切厚块。留汤备用。

② 将胡萝卜去皮洗净，切滚刀块。葱、姜洗净，葱切段，姜切片，备用。

③ 锅内加入植物油烧热，放入姜片、葱段、豆瓣酱、番茄酱、甜面酱爆香，倒入牛腩爆炒片刻，加入牛腩汤、八角、白砂糖、酱油、盐，先用大火烧开，再用小火煮30分钟左右。

④ 加入胡萝卜，煮熟，撒上香菜即可。

羊血汤

原材料 羊血200克，水发木耳适量。
调味料 米醋、盐各少许。
做 法
❶ 将羊血洗净，切成小块；木耳洗净，撕成小朵。
❷ 将羊血、木耳放入锅中，加入适量清水，倒入米醋，用大火煮，煮熟后加盐调味即可。

> **功效** 羊血中丰富的铁质是以容易被人体吸收利用的血红素铁的形式存在的，能帮助产后妈妈快速补铁，预防缺铁性贫血。

红枣黑木耳汤

原材料 红枣50克，水发黑木耳150克，生姜适量。
调味料 红糖适量。
做 法
❶ 红枣洗净，用温水泡透；黑木耳洗净，切成丝；生姜洗净，切成细丝。
❷ 锅中倒入适量清水，烧开，放入黑木耳，用中火煮约3分钟后，捞起备用。
❸ 另起锅倒入适量清水，烧开，下入红枣、黑木耳丝、姜丝，调入红糖，用中火煮透即可。

> **功效** 红枣和黑木耳都是补血佳品，适合产后食用。

产后
催乳

顺利地生下宝宝后，妈妈的烦恼并没有结束。产后母乳不足是困扰不少新妈妈的大问题。其实，很多催乳的"功臣"就在身边。

产后催乳饮食指导

① 催乳所用的原料多为猪蹄、鲫鱼、鲇鱼、虾米、淡菜、鸡蛋、赤小豆、木瓜和一些中草药。可以用这些食材做汤或粥食用，如鲫鱼汤、黄豆炖猪蹄、淡菜豆腐汤、瘦肉汤等，不但利于体力恢复，而且能帮助乳汁分泌，是产后最佳营养品。

② 产后新妈妈即使乳汁稀少也要坚持喂哺母乳，同时适量补充蛋白质丰富的食物，如鸡肉、牛肉、羊肉等。

③ 尽管炖鱼、炖肉等高蛋白食物有利于产后恢复，但也不能忽略纤维质、矿物质、维生素等其他营养素的摄取。建议每天的主食可以吃全谷类4~6碗，低脂牛奶2~3杯，鱼肉豆蛋类食物一天4~5份，青菜至少一天3份，水果则一天约3份。

🍲 花生炖猪蹄

原材料 猪蹄1只，花生60克，红枣4颗，
葱白1段。
调味料 盐5克，鸡精少许。
做　法
1 将猪蹄去毛洗净，剁成小块；葱白切
　段备用；红枣、花生洗净。
2 将所有材料放入锅中，加入适量清
　水，先用大火烧开，再用小火炖1小时
　左右。
3 加入盐，再煮10分钟左右，加入鸡精
　调味即可出锅。

🍲 鲜鸡汤

原材料 母鸡半只（约500克），猪肉100
克，杂骨50克，通草、葱、姜各
适量。
调味料 盐适量。
做　法
1 将猪肉、鸡肉分别冲洗干净；杂骨洗净
　打碎；生姜洗净拍破；葱洗净切段。
2 将猪肉、鸡肉、杂骨和通草放入锅中，
　加适量水。
3 先用大火煮沸，撇去浮沫，加入生姜、
　葱，用小火炖至鸡肉烂熟。
4 将生姜、葱捞出不用，加盐调味即可。

功效 这道炖猪蹄可以滋补阴血、化生乳
汁，对产后乳汁稀少又想进行母乳
喂养的妈妈非常有帮助。

功效 通草有通乳汁的作用，与母鸡、猪
肉共煮制汤菜，具有温中下气、利
水通乳的作用，主治产后妈妈乳汁
不下以及水肿等症。

百合木瓜煲

原材料 瘦肉200克，干海带20克，百合（干）10克，绿豆20克，木瓜200克，陈皮1块。

调味料 盐适量。

做 法

❶ 将瘦肉洗净，入沸水锅中汆烫后再洗净，切块；干海带用清水泡发后洗净，撕成小块。

❷ 百合、绿豆分别洗净；木瓜去皮、瓤后切厚片；陈皮浸软，刮去瓤。

❸ 锅中加入适量清水，烧开，放入所有原材料，煲沸后改小火煲约2小时，加入盐调味即可。

功效 木瓜中含量丰富的木瓜酵素和维生素A，可刺激女性荷尔蒙分泌，帮助乳腺发育和促进通乳，适合产妇食用。

栗子炖乌鸡

原材料 乌鸡1只，栗子200克，葱段、姜片各适量。

调味料 盐少许。

做 法

❶ 将宰杀好的乌鸡洗净，切块；栗子去壳，取出栗子仁。

❷ 砂锅洗净，放入乌鸡块、栗子仁，加入清水（以没过鸡、栗子仁为宜），加入葱段、姜片，用小火炖2小时，加入盐调味即可。

功效 这道汤补益肝肾、生精养血、养益精髓、下乳，适合产后缺乳、无乳的妈妈食用。

金针黄豆排骨汤

原材料　黄花菜（金针菜）50克，黄豆150克，排骨100克，红枣4颗，生姜1块，葱花少许。

调味料　盐1小匙。

做　法

① 黄豆用清水泡软，清洗干净；黄花菜的顶部用剪刀剪去，洗净打结。

② 生姜洗净切片；红枣洗净去核；排骨用清水洗净，放入沸水中烫去血水备用。

③ 汤锅中倒入适量清水烧开，放入所有原材料。

④ 以中小火煲3小时，起锅前加入盐调味，撒上葱花即可。

功效　黄花菜有催乳的功效，而黄豆和排骨能为产后妈妈提供优质的蛋白质，吃这道菜对保证乳汁的充足和营养很有好处。

瓠子炖猪蹄

原材料　猪蹄2只，瓠子（葫芦瓜）250克，葱段5克，姜片10克。

调味料　酱油1大匙，料酒2小匙，盐适量。

功效　猪蹄能够为产后妈妈提供丰富的蛋白质，对于催乳有很好的效果。

做　法

① 猪蹄去毛，刮洗干净，放入沸水中氽烫约5分钟，捞出，劈开；原汤滤清备用。

② 将瓠子洗净，去皮，对半剖开，切成块。

③ 把猪蹄放入砂锅内，加入葱段、姜片、酱油、盐、料酒，倒入原汤，用中火烧开；放入瓠子块，再用小火炖至猪蹄入味烂熟，加入盐即可。

🍲 黄花菜肉片汤

原材料 黄花菜30克，金针菇100克，猪里脊肉20克，丝瓜1根，骨鲜汤300毫升，姜片、蒜片各5克。

调味料 料酒、水淀粉、盐、香油各适量。

做　法

① 黄花菜洗净，用清水浸泡2小时后取出备用；金针菇洗净备用；丝瓜洗净切片。

② 猪里脊肉切丝，用少许盐和水淀粉码味，拌匀上浆。

③ 将炒锅置旺火上，加油至五六成热，爆香姜片、蒜片，加骨鲜汤。

④ 烧沸后加黄花菜、金针菇，煮沸5分钟后加丝瓜片煮熟，下盐和香油调味即可。

> **功效** 黄花菜有利湿热、宽胸、利尿、止血、下乳的功效。用金针菜炖瘦猪肉食用，对防治产后乳汁不下极有功效。

🍲 花菇炖鸡

原材料 鸡腿1只，花菇10朵，灵芝4片，枸杞20粒，花生10颗，姜1块。

调味料 盐适量。

做　法

① 将花菇放入40度的温水中泡软；将鸡腿洗净后，放入冷水中大火煮开，撇去浮沫，放入姜片。

② 煮5分钟后放入洗净的枸杞和灵芝、去皮的花生、浸泡后的花菇。

③ 继续煮30分钟，放入盐调味即可。

> **功效** 这道菜益髓健骨，强筋养体，生精养血，可有效地增强乳汁的分泌，促进乳房发育，适合产后乳汁不足或无乳的女性食用。

产后
减重

怀孕和分娩带来的激素变化、怀孕和月子初期进补过度等因素造成了不少妈妈产后肥胖。因此，从产后4周开始，妈妈就要开始调整饮食了，饮食重点为：减肥。

产后减重饮食指导

① 每天喝2杯牛奶，最好选择脱脂牛奶。牛奶中的脂肪含量仅为3%，喝后容易产生饱腹感，既不易使人发胖，又可补充丰富的营养。

② 每天最少吃150克主食。不吃主食固然可消耗身体脂肪，但会产生过多代谢废物，对健康不利。主食中最好有一种粗粮，如燕麦、玉米、小米、甘薯、豆子等。

③ 每天吃250克深绿色蔬菜，如芥蓝、西蓝花、豌豆苗、小白菜、空心菜等。最好在就餐时先吃这些食物，这样可以增加热量消耗。

④ 每天吃300克左右的水果。水果不可无限量地食用，尤其是含糖分高的水果，如香蕉（每天不要超过2根），食用过量也容易使人发胖，对减肥不利。另外，水果最好在两顿饭中间食用。

⑤ 少吃甜食，包括撒在水果和麦片上的糖，还有蛋糕、饼干、面包、派等，都会使新手妈在不经意之中摄入过多的糖。

⑥ 注意进餐顺序。用餐前先喝一杯水，接着吃蛋白质类食物（肉、鱼、蛋、豆类），然后吃脂肪类食物，再吃蔬菜、水果，最后才吃淀粉主食（米、面、土豆等）。

⑦ 每天至少喝8杯水，以补充体液、促进代谢、增进健康。要少喝加糖或带有色素的饮料。

田七红枣炖鸡

原材料 鲜鸡肉200克（去皮），田七5克，
红枣4颗，姜1片。

调味料 盐少许。

做 法

① 鸡肉切成大块，放入沸水中汆烫一下，
捞出洗净，沥干水备用；红枣用水泡
软，洗净去核备用；田七切成薄片，稍
微冲洗一下备用。

② 把所有材料一起放入砂锅中，加入适量开
水（8成满即可），大火炖2小时左右。

③ 加入盐调味即可。

 功效 田七具有降低胆固醇和甘油三酯的
功效；鸡肉的脂肪含量很低，可以
避免产妇体重增加，并且鸡肉中含
有丰富的优质蛋白质，很容易被人
体吸收利用。

莲藕炖排骨

原材料 莲藕200克，排骨150克，红枣10
颗，姜2片。

调味料 清汤适量，盐1小匙，白砂糖少许。

做 法

① 将莲藕洗净，削去皮，切成大块备用；
排骨剁成小块备用；红枣洗净备用。

② 锅置火上，加入适量清水，烧开；放入
排骨，用中火将血水煮尽，捞出沥干水
备用。

③ 将莲藕、排骨、红枣、生姜一起放进砂
锅，调入盐、白砂糖，注入清汤，小火
炖2小时即可。

 功效 莲藕中含有黏液蛋白和膳食纤维，
能与人体内的胆酸盐、食物中的胆
固醇及甘油三酯结合，使其通过粪
便排出，从而减少脂类的吸收，利
于减肥。

红枣莲子木瓜汤

原材料 木瓜1个，红枣10颗，莲子15颗。
调味料 蜂蜜、冰糖各适量。
做 法
❶ 将红枣、莲子分别洗净；木瓜剖开去籽，洗净，切片。
❷ 将红枣、莲子和木瓜放入锅中，加入适量清水和冰糖，煮熟。
❸ 最后加入蜂蜜调味即可。

> **功效** 木瓜酵素不仅可以分解蛋白质和糖类，还可以分解脂肪。这道汤既营养又利于减重。

冬瓜玉米汤

原材料 冬瓜200克，玉米1根，胡萝卜1根，冬菇（浸软）5朵，瘦肉150克，姜2片。
调味料 盐适量。
做 法
❶ 胡萝卜去皮洗净，切块；冬瓜洗净，去皮，切厚块；玉米棒洗净，切块；冬菇去蒂洗净；瘦肉洗净，汆烫后切成块。
❷ 煲中加入适量清水，放入胡萝卜块、冬瓜块、玉米块、冬菇、瘦肉块、姜片，煲沸后用小火煲2小时，加入盐调味即可。

> **功效** 玉米有利尿作用，还能消除浮肿，冬瓜是养颜佳品，两者搭配既能减肥瘦身，又不会影响产后妈妈的健康。

木瓜豆仁汤

原材料 木瓜1个，山药豆、赤小豆、薏米、花生各30克。

调味料 盐适量。

做 法

① 木瓜去皮、去籽，切块；各种豆类洗净，用清水泡4小时。

② 锅内加足水，将木瓜和各种豆类一起下锅，大火煮开后，转小火煮1小时，加入盐调味即可。

功效 木瓜含有木瓜酵素，不仅可分解蛋白质、糖类，还可分解脂肪；通过分解脂肪可以去除赘肉，缩小肥大细胞，促进新陈代谢，及时把多余脂肪排出体外，从而达到减肥的目的。

酒酿鱼汤

原材料 黄花鱼150克，酒酿500毫升，老姜15克。

调味料 香油适量。

做 法

① 鱼去鳞、鳃、内脏，洗净；老姜刷洗干净，连皮一起切成薄片。

② 将香油倒入锅内，用大火烧热，放入老姜，转小火，煎至姜片两面皱缩，呈褐色但不焦黑。

③ 转大火，加入鱼及酒酿煮开，加盖转小火再煮5分钟后关火即可。

功效 鱼肉的脂肪和胆固醇含量相对较低，既美味又利于减肥。

蔬果浓汤

原材料 菠菜200克，苹果1个，菜花100克，胡萝卜1根，香菜少许。

调味料 牛奶、盐各适量，胡椒粉少许。

功效 菠菜含丰富的植物粗纤维和维生素，能够排毒减重，还能美白亮肤。

做 法

① 胡萝卜去皮、洗净、切丁；菜花洗净，切小朵；香菜洗净，切碎末。

② 菠菜洗净控水，切段；苹果去皮切丁；一起放入果汁机中，加牛奶搅打成汁。

③ 锅中加入打好的果蔬汁，再加入适量的清水搅匀。

④ 放入菜花、胡萝卜丁、盐、胡椒粉煮至滚沸，点缀香菜即成。

 # 红豆鲤鱼汤

原材料 鲤鱼1条，红豆、黄芪、猪瘦肉馅、葱、姜、蒜、八角、干辣椒各适量。

调味料 盐、白砂糖、酱油、料酒、醋、植物油各适量。

做 法

① 葱、姜切大块，蒜整瓣备用；黄芪煮水取汁备用；红豆浸泡后蒸熟。

② 鲤鱼宰杀洗净，将鱼的脊背处断开几刀，腹部连接。

③ 热锅，倒入底油，下入肉馅慢慢摊开炒散，加入适量八角、干辣椒、葱、姜片、蒜瓣煸香，倒入一大勺酱油、适量的黄芪水以及足量清水。

④ 加入料酒、盐、白砂糖和醋调味，开锅前下入鲤鱼，将其盘在锅中，炖20分钟后下入蒸好的红豆，再炖15分钟即可。

功效 鲤鱼和红豆都有利水消肿的功效，有助于产后减重塑形。

荷叶冬瓜汤

原材料 嫩荷叶1张，鲜冬瓜500克。

调味料 盐适量。

做 法

① 嫩荷叶剪碎；鲜冬瓜切成薄片。

② 锅中加水，下荷叶和冬瓜煮汤，汤成后去荷叶，加少许盐即可。

> **功效** 冬瓜具有利尿之功效，能排出水分，减轻体重。如经常食用冬瓜，则可以有效地抑制糖类转化为脂肪。此外，冬瓜富含维生素，且含热量较低。

痛经

　　痛经是指女性在经期及其前后，出现小腹或腰部疼痛，甚至痛及腰骶。严重者会出现剧烈腹痛、面色苍白、手足冰冷，甚至昏厥等症状。痛经多因气血运行不畅或气血亏虚所致。饮食疗法能起到较好的防治作用。

痛经饮食指导

① 经常食用一些具有理气活血作用的蔬菜水果，如荠菜、香菜、胡萝卜、橘子、佛手、生姜等。

② 身体虚弱、气血不足者，宜常吃补气、补血、补肝肾的食物，如鸡、鸭、鱼、鸡蛋、牛奶、动物肝肾、豆类等。

③ 可适当吃些有酸味的食品，如酸菜、食醋等，酸味食品有缓解疼痛的作用。

④ 痛经者无论在经前或经后，都应保持大便通畅。尽可能多吃一些蜂蜜、香蕉、芹菜、白薯等，因为便秘会诱发痛经和增加疼痛感。

⑤ 避免食用容易引发或加重痛经的食物，如奶油、冰激凌、鸡蛋、糖、面包及面粉制品、咖啡、红茶、巧克力、辛辣食物等。

🍲 胡萝卜阿胶肉汤

原材料 胡萝卜150克，阿胶10克，猪瘦肉150克，姜、葱各适量。

调味料 盐适量。

做 法

❶ 姜切片；葱切段；胡萝卜洗净，切成3厘米见方的块；猪瘦肉洗净，切成4厘米见方的块。

❷ 将猪肉、胡萝卜、阿胶、葱段、姜片、盐放入炖锅内，加500毫升水；炖锅置武火上烧沸，再用文火煮45分钟即成。

功效 阿胶有调理月经的作用。痛经主要由受寒、气血瘀滞等因素造成，在非经期常喝阿胶肉汤，可以改善气血，从而缓解痛经。

🍲 益母草红枣汤

原材料 益母草20克，红枣（鲜）100克。

调味料 红糖20克。

做 法

❶ 将益母草、红枣分放于两碗中，各加650克水，浸泡半小时。

❷ 将泡过的益母草倒入砂锅中，大火煮沸，改小火煮半小时，用双层纱布过滤，约得200克药液，为头煎。药渣加500克水，煎法同前，得200克药液，为二煎。

❸ 合并两次药液，倒入煮锅中，加红枣煮沸，倒入盆中，加入红糖溶化，再泡半小时即可。

功效 益母草能活血祛瘀，红枣能补血养血，两者合用，具有温经养血、祛瘀止痛的功效，适合血虚寒凝型痛经者食用。

🍲 鲢鱼丝瓜汤

原材料 鲢鱼1条（约400克），丝瓜1根，生姜2片。

调味料 盐适量。

做 法

❶ 鲢鱼去内脏，洗净切成小块；丝瓜去皮、洗净、切成段。

❷ 把鲢鱼与丝瓜一起放入锅中，再放入适量的生姜、盐和水。

❸ 先用旺火煮沸，后改用文火慢炖至鱼熟即可。

功效 鱼肉中含维生素B_6，维生素B_6能防止痛经。

红糖姜汤

原材料 生姜（带皮）适量。

调味料 红糖30克。

做 法

① 将红糖、生姜一同放入锅中，加适量清水，大火煮沸。

② 转小火煲45分钟，盛出，趁热饮用。

功效 此汤祛风散寒，可加速血液循环，对缓解痛经有一定疗效。

参枣当归炖鸡

原材料 母鸡肉500克，红枣、黄芪、党参各25克，当归10克，枸杞少许，葱2根，姜4片。

调味料 盐、芝麻油适量。

做 法

① 鸡肉洗净切块；红枣洗净，沥干水备用。

② 把所有原材料同时放入碗中，用保鲜膜封口，放到锅内蒸（锅内加入2碗水），蒸熟后撒入盐、芝麻油即可。

功效 鸡肉与党参、黄芪、当归、红枣一起炖汤便兼具了美容养颜、滋阴补血、补肝益肾、健脾止泻的功效，非常适合女性食用，也是适合生理期食用的一道佳品。

丝瓜肉汤

原材料 丝瓜1根，猪肉200克，甘草10克，高汤（鸡汤）500克。

调味料 盐适量。

做 法

❶ 甘草、肉片放入汤煲，加高汤、清水煮沸，转文火煲30分钟；丝瓜去皮，切块备用。

❷ 加入丝瓜，转旺火煲10分钟，最后加盐调味。

功效 丝瓜有治疗痛经的功效，做法为取干丝瓜1个，水煎服，每日服用2次。

姜枣汤

原材料 姜20克，枣（干）15克。

调味料 红糖50克。

做 法

❶ 将大枣洗净，去核；生姜洗净，切片。

❷ 将红糖、大枣放入锅中，加入适量清水，煎煮20分钟后，加入姜片盖严，再煎5分钟即可。

功效 红糖、大枣和生姜三者合用，有补气养血、温经活血的功效，适合子宫虚寒、小腹冷痛、月经量少色黯者食用。

黄芪排骨汤

原材料 排骨300克，黄芪30克，当归10
　　　　克，葱、姜各适量。
调味料 盐、胡椒粒适量。
做　法

① 排骨洗净，用开水余烫去浮沫。
② 将排骨、葱、姜、当归、黄芪、胡椒粒
　一同放入砂锅中，加适量清水。
③ 大火烧开后转小火慢炖2.5小时左右，出
　锅放盐即可。

功效 当归能够养血、活血；黄芪能补
脾肺元气，具有补血活血、调经
止痛的功效。

当归鱼汤

原材料 鲫鱼1条（约500克），白萝卜1
　　　　根，带皮老姜6片，当归15克。
调味料 盐适量，麻油30毫升。
做　法

① 鲫鱼宰杀干净；白萝卜切成细丝。
② 锅内放麻油烧热，中火烧热转小火放入
　姜片，爆至两面起皱但不焦黑，加水，
　放入鱼、当归，大火烧开后转小火煮1
　小时左右。
③ 最后下白萝卜丝煮熟，加盐调味即可。

功效 当归有补血活血、调经止痛的
功效。

月经
不调

月经不调主要是指月经提前、延后或是经血量异常（如过多或过少）的症状。导致月经不调的原因很多，有精神方面的、饮食方面的，也有病理性的。因此，防治月经不调，不仅要调节自己的情志，积极治疗相关疾病，同时也要注意利用合理的饮食来调节。

月经不调饮食指导

① 多吃活血食物，例如山楂、黑木耳、黑豆、韭菜、红糖等。

② 补充足够的铁质，以免发生缺铁性贫血，导致月经不调。多吃乌鸡、羊肉、鱼子、青虾、对虾、猪羊肾脏、淡菜、黑豆、海参、核桃仁等滋补性的食物。

③ 如果月经不调是因压力过大引起，则需多食用一些有减压作用的食物，如香蕉、卷心菜、土豆、虾、巧克力、火腿、玉米、西红柿等。

益母草煮鸡蛋

原材料　益母草30克，鸡蛋2个。
调味料　红糖适量。
做　法
将益母草洗净后与鸡蛋同煮，鸡蛋熟后剥去壳放回锅内，加入红糖再煮10分钟。

功效　益母草具有理气活血、疏肝解郁的作用，对月经不调有很好的辅助治疗作用。

山楂红糖饮

原材料　新鲜山楂50克。
调味料　红糖30克。
做　法
① 将洗净的山楂切成薄片备用。
② 锅置火上，加入适量清水，放入山楂片，大火熬煮至烂熟。
③ 再加入红糖稍微煮一下，出锅后即可食用。

功效　山楂具有消积化滞、收敛止痢、活血化瘀等功效。红糖有益气补血、健脾暖胃、缓中止痛、活血化瘀的作用。两者合用，适用于血瘀体质，症见肤色晦暗、月经不调、怕冷。

百合墨鱼汤

原材料 墨鱼200克，百合50克，玫瑰花瓣
少许。

调味料 高汤1碗，盐1小匙，鸡精半小匙，
香油适量。

做 法

① 墨鱼洗净，入沸水锅中氽烫；百合洗净
待用。

② 锅内加入适量高汤，放入墨鱼、百合，
加入盐，同煮5分钟。

③ 加入玫瑰花瓣，加入鸡精，淋入香油，
出锅即可食用。

功效 墨鱼有养血滋阴、益胃通气、去
瘀止痛的功效。常吃墨鱼对女性
血虚性月经失调，如月经过多或
月经提前等，有止血调经及减少
经量的作用。

墨鱼生姜汤

原材料 排骨400克，墨鱼干100克，生姜1
小块。

调味料 味精、盐各适量。

做 法

① 排骨洗净砍成块；墨鱼干泡软、去骨，
洗净切片；生姜洗净拍松。

② 锅内加水，待水开时放入排骨块、墨鱼
片，用中火煮至断生，捞起待用。

③ 在砂锅内放入排骨块、墨鱼片、生姜，
注入清水，用小火煲2小时，加盐和味
精即可。

功效 李时珍称墨鱼为"血分药"，是治
疗女性贫血、血虚经闭的良药。

黑豆汤

原材料 黑豆200克。

调味料 冰糖适量。

做 法

① 黑豆洗净，用清水泡半天。

② 把黑豆放入电磁紫砂煲，加入清水和一大块冰糖，小火煮2~3小时即可。

功效 中医认为，月经不调多由气血不调、气血亏虚所致。黑豆有补气养血的功效，常吃对月经不调有一定好处。

双红煲乌鸡

原材料 乌鸡半只，红豆50克，红枣5颗，马蹄适量，葱少许，生姜1块，高汤适量，胡椒粉少许。

调味料 盐适量，味精少许，料酒1大匙。

做 法

① 红豆用温水泡透，乌鸡砍成块，马蹄去皮，生姜去皮切片，葱切段。

② 锅内烧水，待水开时，放入乌鸡，用中火煮3分钟至血水尽时，捞起冲净。

③ 瓦煲中加入红豆、乌鸡、红枣、马蹄、生姜，注入高汤、料酒、胡椒粉，加盖，用中火煲开。

④ 改小火煲2小时，调入盐和味精，继续煲15分钟，撒上葱段即可。

功效 乌鸡益肝肾、补气血、和血脉，可用于女性因气血不足所造成的心悸气短、头晕目眩、产后气虚、月经不调以及一切气血虚损症。

鲜荷丝瓜螺片汤

原材料 丝瓜400克，鲜荷花瓣、水发螺片、姜片各适量，红枣2颗。

调味料 盐适量。

做 法

① 螺片、荷花瓣均洗净；丝瓜洗净切块；红枣洗净，拍扁去核。

② 加适量水烧沸后，放入螺片、丝瓜、红枣及姜片，改小火煮至熟烂。

③ 放入荷花瓣稍煮，下盐调味即可。

功效 丝瓜通经络、行血脉，常用于治疗气血阻滞引起的月经不调、腰痛不止等症。

花生墨鱼猪蹄汤

原材料　猪脚500克，墨鱼100克，花生50克，姜、葱适量。

调味料　盐适量。

做 法

① 将猪脚洗净，斩小块；墨鱼去内脏、筋膜、眼睛，洗净备用。

② 姜切2~3片；葱切大段；花生洗净。

③ 以上材料放入砂锅，加入足量清水，大火煮沸后转小火煲4小时以上，直至花生软烂，猪脚熬出胶质，临出锅时加盐调味即可。

功效　墨鱼具有补益精气、健脾利水、养血滋阴、温经通络、通调月经、收敛止血、美肤乌发的功效。常吃墨鱼可提高免疫力，对倦怠乏力、食欲不佳等食疗作用显著。

醪糟蛋花汤

原材料　赤小豆50克，醪糟200克，鸡蛋1个。

调味料　红糖适量。

做 法

① 赤小豆提前浸泡，加水煮烂，放入醪糟煮沸。

② 鸡蛋打入碗内，搅匀后淋入，等漂起蛋花时加入红糖调味即可。

功效　醪糟有养血滋阴、益胃通气、去瘀止痛的功效，搭配鸡蛋，可以长期食用，用于月经失调、血虚闭经、崩汛带、心悸、腰酸肢麻等症的辅助食疗。

更年期
综合征

无论男女，从中年向老年过渡的时候，随着逐渐衰老，身体的内分泌机能尤其是性腺功能都会相应衰退，从而可能出现更年期综合征。一般情况，女性更年期在45~55岁，男性更年期在55~65岁。更年期初期可能出现阵发性面部发红、盗汗、心悸、失眠、情绪烦躁不稳、易激惹以及疲倦乏力等症状。一旦出现更年期综合征，就需要及时从各方面进行调理。饮食上的调理尤为重要。

更年期综合征饮食指导

❶ 应清淡饮食，限制食盐的摄入量，每日食盐量在6克以下。

❷ 多吃新鲜蔬菜水果，增加血管的韧性，促进血胆固醇的排除，预防动脉粥样硬化、冠心病的发生。

❸ 适当吃粗杂粮。步入更年期后，很多女性因担心发胖而控制饮食，吃得少，排便的次数也会减少，久而久之就会导致便秘。粗杂粮含有丰富的膳食纤维，能在肠道中保持水分，软化大便，促进肠道蠕动。

莲子百合炖银耳

原材料 莲子40克，百合（干）40克，银耳40克。

调味料 冰糖10克。

做　法

① 将银耳用清水浸透发开，拣洗干净，沥干水备用。

② 莲子去芯，用水浸透，洗净；百合洗净。

③ 将莲子、百合、银耳、冰糖一起放入炖盅，加适量凉开水，盖上盅盖。

④ 待炖盅隔水炖1.5小时后即可食用。

功效 百合味甘性寒，具有清心除烦、养阴安神的功效；莲子可起到健脾补肾的作用，银耳性平味甘，各种营养成分含量也很高，常喝此汤能够达到提神、补脑、养气等作用，对于阴虚的人是一种很好的食疗食物。

黄芪枸杞炖乳鸽

原材料 乳鸽1只，黄芪20克，枸杞10克，姜1块。

调味料 盐、鸡精各适量。

做　法

① 将鸽子宰杀，剖洗干净；将黄芪、枸杞放入煲汤袋中。

② 将鸽子、煲汤袋一起放入炖锅，加入适量清水，放入拍破的姜块，大火烧开以后转小火炖至鸽肉熟烂。

③ 拣去姜块、煲汤袋不用，调入盐、鸡精炖至入味，盛入碗中即可。

功效 鸽肉含有极丰富的蛋白质、脂肪、钙、磷、铁、维生素以及部分氨基酸，具有补肝肾、益气血、除烦益智的作用，常吃可使身体强健、清肺顺气，对肾虚体弱、心神不宁、儿童成长、体力透支者均有食疗、食补功效。

鱿鱼排骨煲

原材料 猪排骨300克，鱿鱼干50克，土豆1
个，西红柿1个，胡萝卜半根。

调味料 盐适量。

做 法

① 排骨洗净后斩小块，入沸水汆烫后捞出；
鱿鱼干用温水浸透泡软，洗净切块。

② 土豆去皮，洗净切块；胡萝卜去皮，洗净
切块；西红柿用沸水烫去皮，切成小块。

③ 煲内加入适量清水，大火煮沸后，加入
排骨、鱿鱼、土豆、西红柿、胡萝卜，
继续煮。

④ 待再次煮沸后，转小火煲1小时，加入
盐调味即成。

功效 鱿鱼含有丰富的蛋白质，并有补血
作用，特别适合患贫血的女性或者
闭经期和更年期的女性食用。

腰花木耳笋片汤

原材料 猪腰1对，水发木耳2朵，水发笋片
50克，葱半根。

调味料 盐、鸡精、胡椒粉各适量。

做 法

① 猪腰去腰臊，洗净切片，泡水备用；木
耳去蒂，洗净切片；葱洗净切段。

② 起锅烧水，把猪腰片、木耳、笋片入沸
水中汆烫至熟后，捞出盛入碗内。

③ 继续煮沸第二步中的汤汁，加入葱段及
调味料，再将烧沸的汤汁浇在盛猪腰
片、木耳、笋片的碗内即成。

功效 更年期头晕、潮热、乏力，其实也是
肾气亏虚、气血虚弱的一种表现。这
道汤有补肾益气、补养气血的效果。

洋葱花椰菜汤

原材料 花椰菜2棵，低脂奶1杯，法棍8
片，洋葱1个，大蒜2瓣，橄榄
油、清汤各适量，独立片装芝士片
1/2杯。

调味料 盐、胡椒粉各适量。

做 法

① 洋葱切碎；蒜瓣切碎；花椰菜提前用盐
水泡一阵，洗净切小朵。

② 中火加热橄榄油，加入洋葱、大蒜、花
椰菜，翻炒至变软（约15分钟）。

③ 加入清汤和盐，倒入一个深的锅中，加
入花椰菜，小火炖煮（不加盖）直到变
软（约10分钟）。

④ 关火，等待汤稍冷却（约10分钟）；
用食物处理器搅拌至顺滑，重新倒回锅
中，加入牛奶和胡椒粉，中小火加热
（不要沸腾）；面包上铺上芝士，烤至
融化。

⑤ 将汤装入碗中，每加一片面包即可。

功效 这道汤对减轻或改善更年期患者的
失眠烦躁、烘热汗出等症状大有
裨益。

🍲 玉米菜花汤

原材料 鲜菜花350克，玉米粒（鲜）150克。

调味料 香油、盐、味精各适量。

做　法

① 鲜菜花洗净，掰成小朵，放入开水锅中烫透，捞出后用凉水过凉，沥干待用。

② 炒锅放到火上，加入油烧热，放入菜花煸炒，加入玉米粒和水适量。

③ 煮熟后加入盐、味精，出锅前淋入香油即可。

> **功效** 这道汤滋阴润燥、生津止渴，适用于肝肾阴虚型更年期综合征，以症见头晕耳鸣、胸膈烦热、小便不利者为宜。

🍲 香蕉汤

原材料 香蕉1个，陈皮2小片。

调味料 冰糖适量。

做　法

① 将香蕉剥去皮，香蕉肉的两端有结的部分去掉，每个香蕉切成3段，备用。

② 陈皮用温水浸泡，再用清水洗净，切成丝状，备用。

③ 将陈皮放入砂煲内，加清水适量，用旺火煲至水开，放入香蕉再煲沸，改用文火煲15分钟，加入冰糖，煲至冰糖溶化即成。

> **功效** 香蕉在人体内能帮助大脑制造一种化学成分——血清素，这种物质能刺激神经系统，给人带来欢乐、平静及瞌睡的信号，还有镇痛的作用，对更年期出现的焦躁等症状有缓解作用。

🍲 海带豆芽汤

原材料 海带100克，黄豆芽200克，姜适量。

调味料 盐、生抽、香油各适量。

做 法

① 干海带用水浸泡几小时后清洗干净，切丝；姜切成片；黄豆芽洗净。

② 把海带丝、黄豆芽、姜片放入砂锅，加水适量，烧开后用小火慢炖1小时。

③ 出锅前放盐、生抽和香油即可。

功效 这道汤对更年期综合征的阴虚火旺有明显的缓解作用。

🍲 枸杞炖甲鱼

原材料 甲鱼1只（约500克），枸杞20克，姜、葱各适量。

调味料 盐、料酒、鸡精各适量。

做 法

① 将甲鱼宰杀后去内脏洗净，再将枸杞、姜、葱洗净后放入甲鱼腹中。

② 将甲鱼放入锅中，加清水及适量料酒。

③ 先以大火煮沸，再改用小火煨炖至甲鱼肉熟烂，加少许盐、鸡精即成。

功效 枸杞为滋补强壮佳果，能补肝肾、益精血、坚筋骨、抗衰老。甲鱼营养丰富，能滋肝肾之阴、降上炎之虚火。二物搭配，汤鲜味美，补力倍增，对经前期紧张综合征、更年期综合征的烘热汗出、烦躁易怒、口干便秘和更年期骨质疏松均有较好的疗效。

男性调理
前列腺

前列腺疾病包括急性前列腺炎、慢性前列腺炎、前列腺增生、前列腺肥大等，其常见症状为：尿频、尿急、尿不尽，有时出现排尿困难；精神不振、乏力、失眠等。导致前列腺疾病的原因较多，如病原体、微生物的侵入，性生活不节制，过度饮酒，久坐不动等。

调理前列腺饮食指导

① 可常食有益于前列腺健康的食物，如花生、黄豆、南瓜、西红柿、芡实等。

② 补充锌元素，含锌食物如南瓜子仁、花生仁、杏仁和芝麻等，对防治前列腺疾病有一定效果。

③ 多喝温开水，每天至少喝2000毫升以上的温开水。

④ 饮食上注意多吃新鲜水果蔬菜，少吃高脂肪食品，戒烟酒，少吃辛辣食品。

🍲 杏仁红枣汤

原材料 美国大杏仁15颗，桂圆8颗，红枣12颗，枸杞约30粒。

调味料 红糖少许。

做 法

❶ 先用刀轻轻地将桂圆的外皮拍开，取出里面的桂圆肉以备用。然后用清水将红枣、桂圆肉和枸杞清洗一下。

❷ 将大杏仁、红枣、桂圆肉和枸杞一起放入砂锅中，加入适量的清水，用大火煮开后，调成小火继续炖煮约20分钟。

❸ 煮好后，趁热加入红糖，搅拌均匀即可食用。

功效 当男性血液中缺锌时，前列腺就会肿大、增生，而杏仁是含锌非常高的食材，对前列腺有保健作用。

🍲 芡实莲子薏米汤

原材料 排骨500克，芡实30克，莲子20克（去芯），薏米30克，陈皮5克，姜1片。

调味料 盐少许。

做 法

❶ 将芡实、莲子、薏米用清水浸泡2小时后清洗干净；排骨剁成小块，入沸水锅中汆烫。

❷ 将排骨、芡实、莲子、薏米、陈皮和姜一同放入锅中，加适量清水，大火烧开后，转小火炖2小时。

❸ 最后加入少许盐调味即可。

功效 中医认为，芡实具有健脾养胃、益肾固精的功效。常吃芡实，除了有利于缓解腰膝酸软、四肢无力等症状之外，对于前列腺炎引起的尿频、遗尿、遗精、滑精，也有相当的疗效。

西红柿苹果糯米汤

原材料 西红柿、苹果各1个，糯米50克。
调味料 冰糖适量。
做 法

1. 西红柿、苹果洗净切块，糯米浸泡2小时。
2. 将所有原材料加适量水一起煮汤，煮熟后加入适量冰糖调味即可。

功效 西红柿含有丰富的番茄红素，能清除自由基，预防前列腺癌；苹果含有丰富的锌，是前列腺疾病患者的理想食物。用西红柿和苹果煮汤，对慢性前列腺炎有较好的食疗功效。

黄瓜豆腐汤

原材料 黄瓜1根，豆腐250克。
调味料 盐适量。
做 法

1. 黄瓜洗净，切片；豆腐切块。
2. 起锅热油，下入豆腐和黄瓜，加入适量水煮汤。
3. 煮熟后加入适量盐调味即可。

功效 豆腐内含植物雌激素，能保护血管内皮细胞不被氧化破坏，常食可减轻血管系统的破坏，预防前列腺癌的发生。

丝瓜豆腐汤

原材料 丝瓜1根，豆腐200克，香菇4朵。
调味料 盐、鸡精各适量。
做 法

① 丝瓜去皮、洗净，切成滚刀块；香菇提前泡发，切成小块；豆腐切块。

② 锅置火上，放油烧至5成热，放丝瓜块，煸炒。

③ 再放香菇块，翻炒，加水，放豆腐块，烧开水，煮5分钟，加盐、鸡精调味即可。

功效 丝瓜有清热、生津等功效，这道菜能缓解前列腺炎引起的小便涩痛。

泥鳅炖豆腐

原材料 豆腐200克，泥鳅5条，黄花菜50克，姜片适量。
调味料 料酒、盐各适量，香油少许。
做 法

① 黄花菜泡发洗净；豆腐切成小方块；泥鳅用热水烫后，冷水洗去黏液，再去鳃及肠肚，洗净，切成5厘米长的段。

② 将豆腐、黄花菜、泥鳅、生姜放入锅中，加适量清水，大火煮沸。

③ 加盐、料酒调味，转小火炖约30分钟，待泥鳅熟时淋上香油即成。

功效 泥鳅有补益脾肾、利水、解毒的功效，泥鳅与清火解毒、利小便的豆腐炖煮，味道鲜美，适合前列腺炎患者食用。

🍲 花生炖猪蹄

原材料 猪前蹄1只，红皮花生30克，黄豆30克，葱、姜各适量。

调味料 盐适量。

做 法

1. 花生、黄豆提前浸泡3小时；猪蹄洗净后从中间劈开，剁成块。
2. 煲汤砂锅加满清水，先将猪蹄放入，煮开后撇去浮沫。
3. 将花生、黄豆、葱、姜加入，大火烧开后转小火慢炖3小时左右，出锅放盐调味即可。

功效 花生米含丰富的营养成分，能补充人体矿物质，俗称"长生果"，常适量食用可延缓衰老，也可预防前列腺炎，改善排尿。

🍲 海带玉米须汤

原材料 海带200克，玉米须50克。

调味料 盐适量。

做 法

1. 海带泡发后洗净，切成小块；玉米须洗净。
2. 将海带和玉米须放入砂锅中，煲1小时，加盐调味即可。

功效 玉米须性味甘淡而平，入肝、肾、膀胱经，有利尿消肿、平肝利胆的功能，可治急性或慢性肾炎、前列腺炎。

男性
补肾壮阳

一般来讲，健康成熟的男子性欲都比较强烈，脑力和体力劳动以及性生活都需要消耗大量的营养素，所以男性需补充充足的营养，以保证身体健康和提高性生活的质量。

男性补肾壮阳饮食指导

1. 多吃富含精氨酸的食物，精氨酸有增强男子性功能和生精的作用。含精氨酸丰富的食品有冻豆腐、豆腐干、豆腐皮、花生、核桃、大豆、芝麻、紫菜、豌豆、鳝鱼、章鱼、木松鱼、海参、鳗鱼等。

2. 适量多食动物内脏，因动物内脏中含有较多的胆固醇，其中10%左右是肾上腺皮质激素和性激素，适量食用，对增强性功能也有一定作用。

3. 多吃一些富含钙的食物，因含钙丰富的食物能不同程度地改善男性的性功能和增强生精能力。含钙丰富的食物有虾皮、芝麻酱、海带、牛奶、豆类及蔬菜等。

4. 多吃一些含镁丰富的食物，镁有助于调节人的心脏活动、降低血压、预防心脏病、提高男士的生育能力。含镁较丰富的食物有大豆、土豆、核桃仁、燕麦粥、通心粉、叶菜和海产品等。建议男士早餐吃2碗加牛奶的燕麦粥和1根香蕉。

5. 多吃一些含锌丰富的食物，如瘦肉、海产品、大豆等。锌可以保证男性的性功能，治疗阳痿。

黑豆炖羊肉

原材料　羊肉500克，黑豆50克，枸杞数粒，生姜2片。

调味料　料酒、花椒、盐适量。

做法

❶ 将羊肉洗净切块，放入冷水锅中烧开，捞出冲净；黑豆洗净，用清水浸泡4小时；枸杞洗净。

❷ 锅置火上，放入羊肉块、姜片、黑豆、料酒、花椒和适量水，大火烧开后，改用小火炖至8成熟，加入枸杞和盐炖至熟即可。

功效　这道菜可以预防阳痿早泄，温肾壮阳，特别适合肾虚引起的腰膝酸软无力、耳聋耳鸣患者食用。

莲子猪腰汤

原材料　猪腰1对，莲子、核桃仁各100克，补骨脂250克，生姜3片。

调味料　盐、香油各适量。

做法

❶ 核桃仁、莲子、补骨脂洗净，浸泡。

❷ 猪腰洗净剖开，去白脂膜，用盐反复洗净。

❸ 所有材料一起放进砂锅内，加入适量清水，大火煲沸以后改小火煲2小时。

❹ 调入适量盐与香油即可。

功效　猪腰有补肾的功效，搭配莲子和核桃仁，特别适合男性食用。

鸡蛋香菇韭菜汤

原材料 鸡蛋2个，香菇5朵，韭菜50克，高汤1碗。

调味料 盐、味精各适量。

做 法

① 鸡蛋磕入碗中，搅打成液；香菇用温水浸泡后，去蒂洗净，切成细丝，再用开水焯熟；韭菜择洗干净，切段、氽熟。

② 锅置火上，放油烧热，放入鸡蛋用小火煎炸至熟，放入汤锅内。

③ 汤锅置火上，放入高汤、盐；待汤开后，加韭菜和香菇，以味精调味，起锅倒入汤碗内即可。

功效 这道汤有补肾壮阳、生精补血、养肝明目的功效。韭菜为治疗肾虚阳痿、遗精梦泄的辅助食疗佳品，对男性阴茎勃起障碍、早泄等疾病有很好的疗效。

西红柿海带汤

原材料 西红柿2个，海带50克，鲜柠檬2个，奶油50克。

调味料 酱油、盐各少许，高汤适量。

功效 海带含有丰富的碘，而碘缺乏可导致男性性功能衰退或性欲降低。西红柿有助于提高精子浓度和活力，并可预防前列腺疾病。

做 法

① 将西红柿榨汁；鲜柠檬挤汁备用。

② 将海带浸泡洗净，切成丝，放入高汤中煮5分钟。

③ 再在高汤中放入奶油、酱油、盐、鲜柠檬汁、西红柿汁，煮开，倒入汤碗内即可。

何首乌炖排骨

原材料 猪排骨（大排）500克，何首乌50克，黑豆50克，大葱适量。

调味料 料酒、盐各适量。

做 法

① 将猪排骨切成小段，放入沸水中汆烫一下备用。

② 何首乌、黑豆洗净备用；大葱洗净切花。

③ 将何首乌、黑豆、排骨、葱花、料酒、盐一同放入砂锅中，用大火烧开，改用小火炖至熟烂即可。

功效 这道汤对肾阳虚、腰膝酸软、头晕目眩、性功能低下、阳痿早泄、精寒（指精子活动能力差）不育、精子减少等有很好的食疗效果。

鱿鱼豆腐汤

原材料 豆腐1块，水发鱿鱼200克，海参1条，虾仁50克，海米50克，木耳50克，香菜、姜末、葱花各适量。

调味料 鸡汤2碗，盐、鸡精各适量。

做 法

① 将豆腐切成丁，鱿鱼切成丝，海参切块。

② 将所有材料加鸡汤放入锅中，用大火煮沸30分钟。

③ 放入姜、葱、盐、鸡精调味，出锅前放香菜即可。

功效 鱿鱼含有丰富的钙、磷、铁元素，且能滋阴养胃，可预防贫血；豆腐细嫩，海鲜美味，再加上鸡汤炖制味道醇厚，营养价值高。这道汤对疲劳症患者、阳痿体弱者有很明显的食疗作用。

红枣泥鳅汤

原材料 泥鳅300克，红枣10颗，生姜3片。

调味料 盐1小匙。

做 法

① 将泥鳅开膛洗净；红枣洗净去核。

② 将泥鳅放入锅中，加入红枣、姜片和适量清水，一起煮熟。

③ 加入少许盐调味，即可饮汤，食泥鳅、红枣。

功效 泥鳅味甘性平，有调中益气、祛湿解毒、滋阴清热、补肾壮阳的功效，可用于治疗阳痿、早泄等疾病。

杜仲猪腰汤

原材料 猪腰1对，杜仲10克，姜15克，葱适量。

调味料 盐适量。

做 法

① 猪腰洗净，剔除筋膜后切成腰花，用开水汆烫后洗去浮沫。

② 杜仲洗净，放入砂锅中，加入适量清水后用大火煮开，转小火煮成浓汁，约1碗。

③ 砂锅中加入适量清水，加葱段、姜片、腰花与杜仲药汁同煮10分钟，加盐即可。

> **功效** 杜仲猪腰汤是一道家常菜，也是药膳，具有补益肝肾、强腰壮骨的功效。

鸽肉山药汤

原材料 鸽子1只，山药30克。

调味料 盐适量。

做 法

① 将鸽子宰杀，去掉内脏，洗净。

② 将山药去皮洗净，切块。

③ 将鸽肉与山药一起炖汤至熟，用盐调味即可。

> **功效** 中医认为山药为上品之药，应该常服，多则终生，少则数年。所以，凡是有肾虚问题的人，可以把山药作为养生保健的常用食物，居家常备一些，常年食用。

老年人
防健忘

　　健忘是指记忆力差，容易忘事的症状，多是由于年老精气不足、心亏脾虚所致。持续的压力和紧张也会使脑细胞产生疲劳，从而使健忘症恶化；过度吸烟、饮酒、缺乏维生素等也会引起暂时性的记忆力减退。另外，健忘症的形成也在一定程度上受心理因素的影响，许多健忘症患者常会有抑郁症的倾向。一旦人患上抑郁症，就会过分地仅关注自身而对社会上的人和事情漠不关心，于是导致大脑活力降低，从而诱发健忘症。

老年人防健忘饮食指导

　　饮食不但是维持生命的必需品，而且在大脑正常运转中也发挥着十分重要的作用。有些食物有助于补脑健智、增强记忆力，对健忘症有很好的辅助治疗效果。

❶ 含丰富维生素、矿物质和纤维素的新鲜蔬菜水果可以提高记忆力。

❷ 银杏提取物可以提高大脑活力和注意力，对提高记忆力也有一定帮助。

🍲 山药枸杞炖猪脑

原材料　怀山药30克，枸杞30克，猪脑350克。

调味料　黄酒、盐各少许。

做　法

① 将猪脑撕去筋膜，洗净浸于碗中备用。

② 将怀山药、枸杞分别用清水洗净。

③ 将所有材料一起放入锅里，加适量水，炖2小时后，加黄酒、盐，再炖10分钟后，起锅即可食用。

功效　此汤有改善动脉、静脉和毛细血管当中的血流的作用，还能改善老年人记忆力衰退和大脑信息处理速度降低等问题，有助于延缓老年性痴呆症的发生。

🍲 核桃猪腰汤

原材料　猪腰1个，核桃仁80克，白酒适量。

调味料　盐适量。

做　法

① 先从中间剖开猪腰，用刀小心去干净所有白筋和白筋旁粉红色的筋膜，然后切片，加适量白酒拌匀，泡30分钟。

② 将泡好的猪腰洗干净沥干水，与核桃仁一起放炖盅里，慢火炖2小时。

③ 炖好后加盐调味即可食用。

功效　猪腰可以补肾气，不仅可以改善肾亏的病理状态，还可以缓解衰老的某些症状，如耳聋、健忘等，并延缓衰老过程。

草菇莴笋汤

原材料　草菇150克，莴笋100克，植物油10克，姜、泡椒各适量。

调味料　清汤、盐各适量。

做　法

①　草菇去尽根蒂、泥沙，洗净后切成块。

②　莴笋去老叶、根皮，切成长7厘米的条，洗净待用。

③　坐锅点火放油，待油烧热后，放莴笋条、草菇块同炒，加入姜、盐、泡椒，再加入清汤。

④　煮至莴笋断生，捞去姜及泡椒不用，倒入汤碗即可。

功效　莴笋性微寒，味辛微苦，是一种高水分、低热能的蔬菜，富含矿物质、维生素、胆碱、挥发油等，具有利小便、清水肿、降压补脑、防止记忆力减退的功效。

 # 紫菜豇豆汤

原材料　紫菜30克，豇豆200克。

调味料　盐适量。

做　法

①　豇豆洗净后切段。另外准备好紫菜待用。

②　锅中放适量的水，煮豇豆；待豇豆煮熟了，加点盐。

③　加入撕开的紫菜，出锅即可。

功效　紫菜富含胆碱、钙和铁，能增强记忆力。

功效 这道汤含有丰富的蛋白质，并且含有身体所需的钙、铁、维生素等多种大脑完成记忆所必需的营养物质，有很好的补脑功效。

🍲 虾丸蛋皮汤

原材料 虾丸3~4个，香菜1棵，鸡蛋1个。

调味料 盐、香油各少许。

做 法

① 鸡蛋打散，摊成鸡蛋饼，出锅后切成丝。

② 将虾丸对半切开；香菜洗净切碎。

③ 锅内放清水，倒入虾丸，中火煮熟，放入蛋皮丝。

④ 再次开锅后，放入香菜碎，放盐、香油调味即可。

🍲 百合芝麻炖猪脑

原材料 猪脑1个，百合、黑芝麻、红枣、生姜等各少许。

调味料 盐适量。

功效 此汤能改善老年人记忆力衰退和信息处理速度降低的问题，还能延缓早老性痴呆症的发生。

做 法

① 百合、红枣、猪脑洗净后放入砂锅中。

② 再加入黑芝麻、生姜和适量的水，小火慢炖1小时。

③ 出锅前加入适量盐调味即可。

🍲 干贝玉米汤

原材料 虫草花10克，芡实、枸杞、蜜枣、
干贝各5克，排骨200克，玉米
100克。

调味料 盐少许。

做 法

① 将排骨洗净，剁成小块，汆烫备用；玉
米洗净，切块。

② 虫草花、芡实、枸杞、干贝、蜜枣分别
洗净，泡水。

③ 所有食材放入电饭煲，选择"煲汤"
键，预约时间。吃前调入适量盐即可。

功效 该汤有补脑强身之功效，常食能
增强人的记忆力。虫草花性平，
味甘淡，能润肺生津、滋阴养
胃、益气和血、补脑强心；排骨
能补虚损；干贝味甘性温，能补
肾养血。

🍲 首乌炖猪脑

原材料 猪脑1个，山楂、熟地各30克，首
乌20克。

调味料 盐、味精各适量。

做 法

① 将猪脑剔去血筋，洗净后放入砂锅中。

② 加入山楂、熟地、首乌和适量清水，锅
盖盖严，文火慢炖。

③ 炖至熟烂后，加入少量盐、味精调味
即可。

功效 猪脑味甘性凉，有补脑填髓之效
果。此汤对身体虚弱，神经衰弱、
头晕目眩、心慌气短、失眠健忘、
耳鸣腰酸、记忆力降低的人有一定
的补益作用。

老年人健体益寿

老年时期，消化吸收功能减退、内分泌功能失调、新陈代谢过程减弱、机体抵抗力降低、免疫功能减弱等，这些都是人体走向衰老的必然结果。但老年人如果注意科学的饮食方法，将会使衰老的时间延长或推迟。

老年人健体益寿饮食指导

1. 多吃有益老年人健康的食物，如茯苓、枸杞、黑豆、大枣、猕猴桃、胡麻仁、核桃、葡萄、莲子、蜂蜜、蜂乳、花粉、龟、鳖等。这些食物大都具有增强抗病能力、强壮机体、降低血糖、调节内分泌、促进细胞再生以及抗肿瘤等功效。

2. 多吃具有延年益寿功效的食物，如芡实、青粱米、山药、刺五加、龙眼、桑葚、柏子仁、鹿茸、酸牛奶、马奶酒、牡蛎等。这些食物能补气益血、调补内脏。

3. 老年人应常吃带馅的食品，如包子、饺子、馄饨等，既能增加营养，又有益于身体健康。

4. 老年人进餐应定时、定量，防止"饥一顿，饱一顿"或暴饮暴食。高龄老人应少吃多餐，以防止肥胖症的发生。

5. 老年人饮食要注意食物多样化、营养均衡，这样才能保证摄入有利于健康长寿的氨基酸、维生素、微量元素等各种营养物质，反之则会因为缺乏某种营养素而影响健康。

6. 老年人的饮食要清淡。老年人摄入过多的盐容易造成高血压病并影响心、肾功能。除了少吃食盐之外，食物加工上应多采用汤、清蒸、炖、粥等方法，少用煎炒、油炸等加工方法。

黄豆海带鱼头汤

原材料 鱼头1个，水发海带50克，泡发的黄豆适量，枸杞少许，葱1根，姜1小块。

调味料 高汤适量，盐适量，胡椒粉、料酒各少许。

做 法

① 海带洗净切丝；鱼头去鳃洗净；葱洗净切段；生姜洗净，去皮切片。

② 锅置火上，放油烧热，放入鱼头，用中火煎至表面稍黄，盛出待用。

③ 把鱼头、海带丝、黄豆、枸杞、生姜、葱放入瓦煲内，加入高汤、料酒、胡椒粉，加盖，用小火煲50分钟。

④ 去掉汤中的葱段，调入盐，再煲10分钟即可。

功效 黄豆含有丰富的植物性蛋白质且不含胆固醇，老年人常吃黄豆，不仅可降低罹患心血管疾病的风险，还可以保护肾脏，有利于延年益寿。

鳜鱼豆腐汤

原材料 嫩豆腐1块，鳜鱼1条（约200克），罐头玉米2大匙，鸡蛋1个，姜丝2大匙，香菜少许。

调味料 盐半小匙。

功效 豆腐配鱼不仅营养互补，还有一定的防病、治病功效，可以补钙、降低胆固醇、养颜等，有强身健体、延年益寿的功效，特别适合老年人食用。

做 法

① 鳜鱼剖杀干净；鸡蛋磕入碗中，搅打成液；香菜洗净，切小段。

② 锅置火上，放油烧热，放入鳜鱼，稍煎至两面微黄后放入炖锅中，加入适量清水，大火煮沸。

③ 然后加入豆腐、玉米，炖煮半小时，至熟透。

④ 最后加入盐调味，淋上蛋液搅散，撒上姜丝及香菜即可。

🍲 芡实淮山炖排骨

原材料 排骨500克，玉竹25克，党参4根，
枸杞40粒，芡实30粒，淮山30克，
蜜枣2颗，姜1块。

调味料 盐适量。

做　法

① 将排骨斩成小块，用清水冲净，沥干水
分；玉竹、党参、枸杞、芡实、淮山和
蜜枣放在一起，也用清水冲洗干净备
用；姜去皮，切成大片。

② 将排骨放入锅中，一次性加入清水，大
火煮开后，用勺子将浮沫撇干净，放入
药材（玉竹、党参、枸杞、芡实、淮山
和蜜枣）和姜片，盖上盖子，用小火煲
制2小时。

③ 出锅前加入适量盐调味即可。

> **功效** 这道汤有健脾开胃、舒筋活血、
祛湿消痰、补血养虚、延年益寿
的功效，最适合中老年人和体弱
者食用。

🍲 五豆养生汤

原材料 黑豆、红豆、绿豆、黄豆、紫米各
20克。

调味料 红糖适量。

做　法

① 将5种原材料清洗干净，用清水浸泡
一夜。

② 连豆带浸泡的水一起倒入锅中，添加清
水，水量是豆子的6倍左右。

③ 大火煮开后，改小火，虚掩着锅盖，煮半
小时，待豆子开花即可，吃前调入红糖。

> **功效** 豆类含有丰富的植物性蛋白质。
近几年来医学证实，豆类的菜肴
完全不含胆固醇，常吃豆类食
物，不仅可降低心血管疾病的风
险，对肾脏也具有保护作用。

芝麻鲫鱼汤

原材料 鲫鱼1条，芝麻20克，生姜适量。
调味料 盐适量。
做 法

① 将鲫鱼宰杀洗净；生姜切片。

② 起锅热油，先下姜片炝锅，再下鲫鱼煎至两面金黄。

③ 加入适量汤、芝麻，大火煮熟后加盐调味即可。

> **功效** 这道汤特别适合老年人食用，有强身健体、延年益寿的功效。

做 法

① 冬瓜切片；葱切段；香菜切末；姜一部分切片，一部分切末备用。

② 将薏米先泡2~3小时，再煮30分钟后捞出。

③ 起锅热油，加入葱段、姜片爆香，再倒入水和冬瓜。

④ 肉馅中再加入姜末、薏米和2勺酱油，搅拌均匀。

⑤ 将调好的肉馅用手从虎口挤出丸子滑入锅中，开锅后再煮15秒，撒上盐、香菜即可出锅。

 # 薏米丸子汤

原材料 冬瓜200克，肉馅100克，薏米、葱、姜、香菜各适量。
调味料 盐、酱油各适量。

> **功效** 薏米中含有的薏苡仁酯不仅具有滋补作用，还是一种抗癌剂，能抑制艾氏腹水癌细胞。

芸豆煲鸽子

原材料 鸽子1只，白芸豆、玉竹、南乳
汁、橘皮、姜、葱、蒜各适量。
调味料 蚝油、老抽、植物油各适量。
做 法

① 鸽子宰杀后洗净，切成大块，加南乳
汁腌制10分钟；姜切片；葱切段；蒜
整瓣备用。

② 玉竹提前泡一晚，蒸熟后晒干；白芸
豆提前泡24小时备用。

③ 砂锅中下入适量姜片、葱段、蒜瓣，
煸炒出香气后加入鸽子肉，再下入适
量蚝油调味，加老抽调色。

④ 煸炒上色后向砂锅中加入开水，水量
没过肉的1倍，放入提前泡好的白芸
豆和橘皮大火烧开。

⑤ 烧开后加入提前蒸熟晒干后的玉竹，改
小火加盖煲制40分钟，即可出锅。

功效　鸽肉是一种高蛋白、低脂肪、低
胆固醇的肉类。中老年人吃鸽
肉，既能增强体质、延年益寿，
又不会发胖。

淮山芡实薏米汤

原材料 淮山200克，芡实、薏米各50克。
调味料 盐适量。
做 法

① 淮山去皮、洗净、切块；薏米、芡实提
前浸泡一晚。

② 将所有准备好的原材料放入砂煲，炖熟
后加适量盐即可。

功效　这道汤营养丰富，含有氨基酸、多
种维生素及钾、钙、镁等微量元
素，不仅可益心脾、补气血、利五
脏，还有安神、强体健身、延年益
寿的功效。

 # 山药炖羊腩

原材料 羊腩肉250克，马蹄10克，胡萝卜1
根，山药50克，姜适量。

调味料 料酒、酱油、南乳汁、白砂糖、白
胡椒粒、盐各适量。

功效 山药富含黏蛋白、淀粉酶、游离
氨基酸、多酚氧化酶等物质，具
有极好的滋补作用，而且脂肪含
量几乎为零，能预防中老年人高
血脂。

做 法

① 羊腩肉洗净，切成4厘米见方的块；胡
萝卜和山药去皮，切滚刀块；马蹄去
皮，切块。

② 大火烧热锅中油至6成热，放入羊腩块煸
炒至表面微微发干。

③ 盛起羊腩，放入姜片、南乳汁翻炒均
匀，待烧开并发出香味，再倒入羊腩翻
炒，加入料酒、酱油、白砂糖、白胡椒
粒和热水，加盖大火煲15分钟。

④ 放入马蹄、胡萝卜和山药块，转中火焖
1.5小时，起锅前加盐即可。

第三章

汤饮调理亚健康

不良的饮食习惯和生活习惯容易导致身体出现"亚健康"状态。很多人都有过头晕头重、胸闷乏力、四肢困倦、精神不佳、食欲不振、失眠心悸等症状，但是去医院看医生、做体检，各项检查却都没有问题，这就是我们所说的亚健康状态。亚健康人群除了规律作息，还需要通过饮食调养来改善症状。

失眠

睡眠是人体的生理需要，也是维持身体健康的重要手段。有一些人却经常夜不成寐，或难以入睡，或睡而易醒，往往伴有头昏、头晕、健忘、倦怠等症状，严重影响了工作与学习。

饮食调理指导

① 安神助眠以补益的方法为主，常用的食物有牛奶、核桃、莲子、大枣、酸枣、百合、桂圆、葵花子、山药、小米、鹌鹑、牡蛎肉、黄花鱼，以及动物心脏等。

② 多吃富含色氨酸和维生素B的食物，可预防因作息混乱而导致可能出现失眠、情绪不好的情况。富含色氨酸的食物有牛肉、羊肉、猪肉等，富含维生素B的食物有粗粮。坚果类食物既富含色氨酸，又含有丰富的维生素B，可以适当食用。

③ 晚餐不宜过饱，对睡眠最有利。神经衰弱的人晚餐应吃单一味道的食物，不要五味混着吃；食物的冷热要均匀。

大枣莲子桂圆汤

原材料 大枣10颗，去芯莲子15颗，桂圆10个。

调味料 冰糖适量。

做 法

① 先将莲子用清水浸泡1~2小时；大枣洗净；桂圆去壳备用。

② 把泡好的莲子与洗净的大枣一起放锅内煎煮，最后放入桂圆肉。

③ 等煮至质软汤浓时，加入适量冰糖调匀即成。

功效 桂圆含有大量的铁、钾等元素，能促进血红蛋清的再生，可治疗因贫血造成的心悸、心慌、失眠、健忘。睡前30分钟喝一碗大枣莲子桂圆汤，对促进睡眠很有帮助。

水果莲子甜汤

原材料 荔枝100克，莲子50克，黄桃1个，菠萝3片。

调味料 冰糖、水淀粉各适量。

功效 荔枝含丰富的葡萄糖、蔗糖、维生素C、维生素B、维生素A以及柠檬酸、叶酸、苹果酸和游离氨基酸，与莲子等搭配做羹，是思虑过度、健忘失眠者不可多得的安神益寿果品。

做 法

① 莲子不去莲芯，加适量水焖酥，用冰糖调味。

② 其他水果切丁，入莲子汤中烧沸后加适量水淀粉勾芡成羹即成。

🍲 百合冰糖蛋花汤

原材料 鸡蛋2个，百合30克，枸杞数粒。
调味料 冰糖适量。

功效 百合中含有的百合苷有镇静和催眠的作用。

做 法
1. 百合用清水冲洗干净，捞出，沥干水分备用。
2. 鸡蛋洗净，磕入碗中，搅匀待用。
3. 百合放入净煲中煮至熟烂后放入冰糖，把搅好的鸡蛋液调入煲内，撒入枸杞，调匀即可。

🍲 百麦安神汤

原材料 小麦、百合各25克，莲子肉、首乌藤各15克，大枣2个，甘草6克。

做 法
1. 将小麦、百合、莲子、首乌藤、大枣、甘草分别洗净，用冷水浸泡半小时。
2. 将所有原材料放入锅内，加适量清水，大火烧开后，改用小火煮30分钟。
3. 提取出药汁，存入暖瓶内。在药材内加水，再炖一次。
4. 提取出药汁，和第一次的药汁合在一起。

功效 此汤可随量饮用，可以清心安神。每晚睡前1小时服用，能抑制中枢神经系统，有较恒定的镇静作用，对防治血虚引起的心烦不眠或心悸不安有明显效果。

鲜奶冰糖炖蛤蜊

原材料 蛤蜊100克，鲜奶2杯半。
调味料 冰糖或盐适量。
做 法
1. 蛤蜊用水浸泡至发涨，挑除污物及沙肠后洗净待用。
2. 鲜奶倒入炖盅内，加入发好的蛤蜊，盖上盅盖。
3. 隔水炖1小时，依个人喜好酌加盐或冰糖调味即成。

功效 牛奶中含有的色氨酸是人体8种必需氨基酸之一。它能使人脑分泌催眠血清素，可以松弛神经，起到安神助眠的效果。蛤蜊中所含的硒可以调节神经、稳定情绪。

黄花菜莲藕汤

原材料 莲藕1根，干黄花菜50克。
调味料 盐少许。
做 法
1. 莲藕洗净切片，黄花菜洗净打结。
2. 锅中倒入3碗水，放入莲藕、黄花菜煮20分钟，至约剩1碗的量，加入盐调味即可。

功效 黄花菜能治疗神经衰弱，使人忘忧安眠，配合莲藕煲汤，可以起到宁心安神、解郁忘忧的功效。

胸闷

胸闷是一种主观感觉，即呼吸费力或气不够用，轻者偶觉呼吸不顺畅，重者会有被石头压住胸膛的感觉，有时甚至发生呼吸困难。胸闷可能是生理性的，也可能是身体内某些器官发生疾病的早期症状之一。建议出现胸闷的感觉时，除了进行饮食调理，还需要去医院做详细的检查。

饮食调理指导

❶ 适量吃点润心肺的食物，如山药、大枣、莲子、百合、木耳、梨、胡萝卜、芝麻等。

❷ 适量吃些健脾胃的食物，如小米粥、豆浆、玉米等。

❸ 适量吃些补气血的食物，如红枣、猪心、香菇、豆腐、红薯、动物肝脏以及牛肉、羊肉等。

❹ 经常胸闷的人应以清淡饮食为主，不宜暴饮暴食，或吃过多辛辣、刺激性食物。

桂圆莲子猪心汤

原材料 猪心1个，莲子20克，太子参、桂圆肉各少许。

调味料 盐适量。

做 法

① 将猪心洗净切片；莲子去芯洗净；太子参、桂圆肉分别洗净。

② 把全部用料放入锅内，加清水适量，大火煮沸后，转小火煲2小时，最后加入少许盐调味即可。

功效 猪心和桂圆都有补虚、养心、安神的作用。此汤非常适合胸闷气短、长期失眠者食用。

红枣银耳汤

原材料 银耳（干）40克，红枣10颗，莲子3颗，枸杞20粒。

调味料 冰糖适量。

做 法

① 银耳用清水浸泡12小时，泡发后洗净，用剪刀剪去根部的黄色硬结，用手将银耳撕碎。

② 将红枣、莲子和枸杞放入大碗中，倒入清水，浸泡5分钟后洗净。

③ 将红枣、莲子、枸杞和银耳倒入砂锅中，倒入4倍的清水，大火烧开后，转小火煲2小时后关火，倒入冰糖搅拌溶化后，盖上盖子闷半小时即可。

功效 这道汤有养血滋阴、益胃通气、去瘀止烦的功效。对于身困头重、胸闷口腻有一定疗效。

鲜蔬疙瘩汤

原材料 嫩菠菜200克，香菇10朵，胡萝卜1
　　　　 根，面粉100克，鸡蛋1个。

调味料 盐、香油各适量。

做　法

❶ 菠菜洗净，用沸水焯过，切碎；香菇洗
　 净、去蒂、切丁；胡萝卜洗净、去皮、
　 切丁；鸡蛋磕入碗中打散，搅拌均匀。

❷ 面粉里加少量水，朝一个方向搅拌，搅
　 拌成面疙瘩；锅内加入适量水烧开，放
　 入香菇丁、胡萝卜丁烧煮2分钟。

❸ 下入面疙瘩，煮沸后缓缓下入蛋液，搅
　 成蛋花，放入菠菜碎，烧开后加入适量
　 盐，滴入香油调味即可。

功效 菠菜含有造血不可缺少的营养
素——铁和磷，对各种贫血、
体弱所致的胸闷、心悸有一定
疗效。

 绿豆大蒜汤

原材料 绿豆250克，大蒜15克。

调味料 白砂糖适量。

做　法

❶ 绿豆淘洗干净，与大蒜同放入砂锅内。

❷ 加水适量，共煮至绿豆熟烂，入白砂糖
　 调味即可。

功效 上火一般伴有心情的郁闷，影响
心气、肺气、肝气等的运行，气
聚于胸中，就会感觉胸闷。而绿
豆可以帮助去火。

🍲 百合芝麻猪心汤

原材料 猪心1个，百合40克，红枣150克，黑芝麻100克。

调味料 盐、鸡精适量。

功效 猪心可以安神定惊、养心补血，与补益肺气的百合煲汤，有润燥润肺、补血安神的作用。

做　法

① 猪心剖开边，切去筋膜，洗净，切片；百合、红枣分别洗净，红枣去核。

② 黑芝麻放入锅中，不必加油，炒香。

③ 炖锅中加适量水，大火煲至水沸，放入全部材料，用中火煲约2小时，加入适量盐、鸡精调味即可。

情绪
低落

　　情绪低落大多属一种主观感受，如无法克服困难或是遭遇重大压力时，情绪自然高涨不起来，这种因外在影响而引发的情绪低落需自行调整。另外，还有一种情绪低落属生理反应，有的人会经常不明原因地难过或不想搭理人。碰到这种情绪，除了需要主观的自我调整外，还可通过饮食来缓解。

饮食调理指导

❶ 补充含丰富维生素B的食物，如动物肝脏、鸡蛋黄和鱼类等。维生素B可以帮助大脑制造血清素，减轻忧郁。

❷ 适量多吃含硒高的食物，如干果、鸡肉、海鲜、谷类等，可以改善情绪。此外，复合性的碳水化合物，如全麦面包、苏打饼干也能改善情绪。

❸ 吃一些自己想吃的或是开胃的食物，大部分人情绪低落时会有食欲不振的情况，这时建议吃一些自己特别喜欢吃的或容易开胃的食物。饮食生活正常了，情绪自然就好了。

黄花菜泥鳅汤

原材料　泥鳅200克，黄花菜50克，香菇5
朵，胡萝卜少许，生姜1块，葱
适量。

调味料　盐适量，料酒1小匙。

做　法

① 泥鳅宰洗干净；黄花菜切去头尾；胡萝
卜去皮、洗净、切花；香菇、生姜洗
净，切片。

② 锅置火上，放油烧热，放入姜片、泥鳅
煎至金黄，下入料酒，加入开水煮10
分钟。

③ 加入黄花菜、香菇片、胡萝卜花再滚沸
片刻，撒入葱，调入盐即可。

功效　黄花菜有个很好听的名字叫"忘
忧草"，因为它能安神解郁，舒
解脑部神经。鲜黄花菜中含有秋
水仙碱，会引起中毒，所以最好
选择干品。

百合莲藕汤

原材料　百合100克，莲藕100克，梨1个。

调味料　盐少许。

做　法

① 将鲜百合洗净，撕成小片状；莲藕洗净
去节，切成小块，煮约10分钟；梨切成
小块。

② 将梨与莲藕放入清水中煲2小时。

③ 加入鲜百合片，煮约10分钟，最后放入
盐调味即可。

功效　莲藕性寒，有清热除烦、凉血止
血散瘀的效果；百合具有清火、
润肺、安神的功效；两者煮汤，
非常适合情绪不佳、心里烦躁不
安的人食用。

🍲 冬瓜百合蛤蜊汤

原材料 蛤蜊150克，冬瓜100克，鲜百合50克，枸杞少许，生姜1块，葱1根。

调味料 清汤、盐、鸡精各适量，料酒、胡椒粉各少许。

做　法

① 鲜百合洗净；蛤蜊洗净；冬瓜洗净，去皮切条；生姜洗净，去皮切片；葱洗净切段。

② 瓦煲内加入清汤，大火烧开后，放入蛤蜊、枸杞、冬瓜、生姜、料酒，加盖，改小火煲40分钟。

③ 加入百合，调入盐、鸡精、胡椒粉调味，继续用小火煲30分钟后，撒上葱段即可。

 功效 蛤蜊中所含的硒可以调节神经、稳定情绪。

🍲 香蕉玉米浓汤

原材料 玉米面100克，香蕉1/2个，熟蛋黄1/2个，胡萝卜半根。

调味料 冰糖适量、香菜少许。

做　法

① 先将胡萝卜洗净、去皮，切成小块，放入榨汁机中，加少许凉开水榨成汁。

② 用勺子把熟蛋黄捣碎，香蕉也捣烂成糊状。

③ 用凉开水将玉米面调成稀糊，倒入奶锅，中上火煮，边煮边搅拌，火不要太大，以免煳锅。

④ 玉米糊煮熟时加入捣碎的蛋黄和糊状的香蕉，再倒入适量胡萝卜汁搅拌均匀，小火煮片刻，加冰糖，点缀少许香菜即可。

功效 心情的好坏与大脑内某些物质浓度的高低相关。愉快的情绪，与大脑内产生的一种叫"5-羟色胺"的物质有关；而不愉快的情绪，则与大脑内的右甲状腺素增加有关。香蕉恰好含有一种能帮助大脑产生5-羟色胺的物质，这种物质既能使人的心情变得快乐和安宁，又能使引起人们情绪不佳的激素大大减少。

百合水蜜桃甜汤

原材料　鲜百合100克，水蜜桃2个。

调味料　冰糖适量。

做　法

❶ 鲜百合掰开后洗净；水蜜桃去皮后切成
小块。

❷ 将百合和水蜜桃放入砂锅中，加入适量
的水，煮烂后加入冰糖调味即可。

 功效　百合入心经，性微寒，能清心除
烦、宁心安神，对于神经衰弱、情
绪低落的患者有食疗作用。

感冒

感冒是一种常见的呼吸系统疾病，其主要表现为打喷嚏、鼻塞、流鼻涕、咽喉痛、咳嗽、发冷与发热、关节酸痛与全身不适等症状。引起感冒的原因有很多，比较常见的是由病毒传染所致的流行性感冒；由体内燥热或暑热而导致的风热感冒；还有受风寒导致的风寒感冒。感冒是一种自愈性疾病，一般适当调养会很快好转，但如果感冒严重，影响到正常生活，建议去看医生。

饮食调理指导

①　选择容易消化的流质饮食，如菜汤、稀粥、蛋汤、蛋羹、牛奶等。

②　多吃含维生素C、维生素E的食物或红色食品，如西红柿、苹果、葡萄、枣、草莓、甜菜、橘子、西瓜、牛奶和鸡蛋等。维生素C能抑制新病毒合成，有抗病毒作用。

③　保证水分的供给，可多喝酸性果汁，如山楂汁、猕猴桃汁、红枣汁、鲜橙汁、西瓜汁等，以促进胃液分泌，增进食欲。

④　感冒后期宜多食用开胃健脾之品，以及具有调补身体的食物，如大枣、银耳、芝麻、海参、黑木耳等。

⑤　感冒时，或身体有发炎症状时，切忌进补。身体受凉、受风寒，是要将病邪祛出体外；吃了补，会反将寒气闷在体内，以致形成其他病变。

雪梨汤

原材料 雪梨1个。

调味料 蜂蜜或冰糖适量。

做 法

① 先把梨洗净，切成块，放入锅内。

② 锅置火上，加适量水，大火煮沸后，小火煮至梨变成暗色。

③ 等梨汤晾至40℃以下，就可以调入蜂蜜饮用了。

功效 雪梨清热生津，润肺化痰，适用于风热感冒。

姜丝萝卜汤

原材料 生姜25克，萝卜50克。

调味料 红糖适量。

功效 生姜具有祛风散寒、解表的作用，此汤适合风寒感冒者食用，同时萝卜含有丰富的维生素C，可以减少感染感冒病毒的机会。

做 法

① 生姜洗净，切丝；萝卜去皮，洗净切片。

② 将生姜和萝卜一起放锅中，加水适量，煎煮10～15分钟，再加入红糖，稍煮1～2分钟即可。

 ## 龙眼姜枣汤

原材料　龙眼肉50克，姜适量，大枣15颗。

做　法

① 鲜生姜洗净，刮去外皮，切片；大枣洗净备用。

② 把龙眼肉、生姜片、大枣一同放入锅中，加水2碗，煎煮成1小碗即可。

功效　生姜主治风寒感冒、喘咳等。

 ## 薏米扁豆汤

原材料　薏米30克，扁豆15克，山楂15克。

调味料　红糖适量。

做　法

① 将薏米淘洗干净，用清水浸泡30分钟备用。

② 扁豆洗净，切小段。

③ 山楂洗净，去核。

④ 将薏米、扁豆、山楂一起放入砂锅内，加适量清水煮汤，汤成后加红糖调味，也可根据个人喜好加盐或冰糖调味。

功效　薏米、扁豆可强健脾胃、去湿气，能促进肠胃吸收，还可增强体力以对抗感冒病毒，非常适合感冒初起者食用。

 西红柿荠菜肉丸汤

原材料 荠菜1小把，肉馅100克，西红柿
1个，黄瓜半根，干贝4个，鸡蛋1
个，姜3片。

调味料 料酒、生抽、老抽、白胡椒粉、
盐、香油各适量。

做 法

① 干贝放入清水中浸泡半小时；荠菜洗净
切碎。

② 肉馅放入荠菜、料酒、生抽、老抽、盐、
白胡椒粉、半个鸡蛋的蛋清和香油搅匀。

③ 锅烧热倒入油，待油7成热时，放入姜
片爆香后，放入切块的西红柿煸炒出
汤。加入清水，倒入浸泡后的干贝，大
火煮开后继续煮2分钟。

④ 将肉馅挤成丸子，下入沸腾的汤锅中，
待丸子全部浮到汤面上，放入切成薄片
的黄瓜，调入适量盐，再淋入一点香油
即可。

功效 这道菜含丰富的维生素，可以帮
助我们增强抵抗力，对抗感冒。

牛奶木瓜汤

原材料 木瓜1个，鲜牛奶100毫升。
调味料 白砂糖、冰糖适量。
做 法

① 木瓜去皮、籽，切细丝。

② 木瓜丝放入锅内，加水、白砂糖熬煮至
木瓜熟烂。

③ 加入鲜牛奶调匀，再煮至汤微沸，加少
量冰糖即可。

功效 冰糖木瓜具有清热润肺、增强体
质的功效，适用于肺热干咳、虚
热烦闷等病症。

🍲 萝卜牛肉丸汤

原材料　青皮萝卜200克，牛肉丸5个，姜丝少许。

调味料　盐、香油各少许。

做　法

① 青皮萝卜洗净，擦细丝；牛肉丸对半切开。

② 锅中放入适量水，放入姜丝煮沸，放入牛肉丸煮5分钟。

③ 再放入青皮萝卜丝大火煮沸，下盐、香油调味即可。

> **功效**　一些重症感冒病人，经常出现高热、口渴等症状，易产生内热。萝卜"去邪热气"的作用很明显，这个时候喝些萝卜汤是最管用的。

🍲 天门冬萝卜汤

原材料　萝卜300克，火腿150克，天门冬15克，葱花适量。

调味料　盐、味精、胡椒粉各适量。

做　法

① 将天门冬切成2~3毫米厚的片，用水约2杯，以中火煎至1杯量时，用布过滤，留汁备用。

② 火腿切成长条形薄片；萝卜切丝。

③ 锅内放水，将火腿片先下锅煮，煮沸后将萝卜丝放入，并将煎好的天门冬药汁加入，盖锅煮沸后，加盐、味精、胡椒粉调味，再略煮片刻即可。

> **功效**　该汤可以止咳祛痰，消食轻身，增强抵抗力，抗疲劳。

手脚
冰凉

天气一冷，就有许多人感觉全身发冷，尤其手脚冰凉得受不了。手脚容易冰冷、麻木，多属于气血的毛病，是因为气虚、血虚所造成的血液运行不畅、血液量不足。要消除寒冷的感觉，就需要多吃温热的、补养气血的食物。

饮食调理指导

1. 适量多吃温热性食物，如坚果类的核桃仁、芝麻、松子等；蔬菜类的韭菜、胡萝卜、甘蓝菜、菠菜等；水果类的杏、桃、木瓜等；其他如牛肉、羊肉、四神（薏米、莲子、芡实、茯苓）、糯米、糙米、豆腐、红糖等，都属于温热性食物，是手脚冰冷的人应多选用的食材。

2. 适量多吃含烟碱酸的食物。烟碱酸对于稳定神经系统和循环系统很有帮助，可扩张末梢血管，改善手脚冰凉的症状。烟碱酸主要存在于动物肝脏、蛋、牛奶、奶酪、糙米、全麦制品、芝麻、香菇、花生、绿豆等物当中。

3. 可适当选用温补性中药调理一下，如人参、党参、当归、丹参、北芪、鹿茸、菟丝子、肉桂、肉苁蓉、玉桂子、桂枝、麻黄、干姜、花椒、胡椒、肉豆蔻、草豆蔻等。

4. 容易手脚冰冷的人，一年四季都要避免吃生冷的食物、冰品或喝冷饮。

🍲 人参核桃饮

原材料 人参3克，核桃仁5个。
调味料 冰糖少许。
做 法

① 将冰糖打成碎屑，核桃仁打碎，冰糖、核桃仁与人参一同放入砂锅内，加水适量。

② 砂锅置火上，大火烧沸，后用小火煮熬1小时即可。

功效 人参具有大补元气的作用，再搭配上补气养血的核桃，适用于因气血不足所致的手脚冰冷、面色无光等症。如果服用后出现口干舌燥、鼻子出血等症状，中医称为"不受补"，可以选择药性偏凉的西洋参。

🍲 红糖红枣姜汤

原材料 生姜1块，红枣15颗。
调味料 红糖30克。
做 法

① 生姜洗净后切块，不必去皮。

② 将红枣洗净，与生姜一起放入锅中，加1碗半的水熬成1碗。

③ 加红糖拌匀即可。

功效 姜汤加红糖能够祛寒，再加上补血的红枣，尤其适合气虚、血虚、寒性体质的人食用，长期饮用能够改善手脚冰冷的症状。

当归生姜炖羊肉

原材料 淮山（中药）5克，桂圆5克，当归
6克，生姜2片，羊肉150克。

调味料 料酒、盐各适量。

做　法

1. 先将羊肉洗净，切成小块，入沸水锅中
氽烫以去掉羊膻味。

2. 生姜切片，与洗净的淮山、桂圆、当归
和羊肉一起放进炖盅内，加入适量清
水、料酒，隔水炖2小时，最后加入少许
盐调味即可。

功效
羊肉补虚劳，祛寒冷，温补气
血；桂圆有健胃、补血、养神等
功效。两者合用，具有温补肾阳
的作用，适合阳虚怕冷、手脚冰
凉者食用。

口腔
溃疡

口腔溃疡有良性和恶性之分。简单的区分法是：良性口腔溃疡一般数天至数周可以愈合，通常与不良饮食习惯有关，如偏食导致维生素B_2的缺乏，或食用过多辛辣、刺激性食物；而恶性口腔溃疡则呈进行性发展，数月甚至年余不愈合。恶性口腔溃疡可能发生癌变，一旦口腔溃疡长时间不愈，一定不能忽视，要去医院检查。

饮食调理指导

① 多吃富含维生素（特别是维生素B_2、维生素B_6）、蛋白质、纤维素类的新鲜食物，如苹果、梨、橘子、柠檬、西红柿、白菜、胡萝卜、葱白、山楂、花生等，可以去除诱发因素，减少口腔溃疡的复发。

② 将含维生素丰富的果蔬榨汁，能够保证维生素等营养物质最少量地被破坏，对疾病预防更为有利。

③ 戒烟戒酒，少食辛辣、厚味的刺激性食物。

豆芽鸡蛋汤羹

原材料 绿豆芽100克，鸡蛋3个，瘦猪肉100克。

调味料 酱油1大匙，水淀粉1大匙，鸡精适量。

做 法

① 绿豆芽择洗干净，切成碎末；瘦猪肉洗净，剁成碎末。

② 取一个大空碗，将鸡蛋磕入碗中，搅打液，加入适量清水，入蒸锅，蒸15分钟。

③ 锅置火上，放油烧热，放入切好的绿豆芽、瘦猪肉，炒至出香味，加入适量清水，煮开，调入酱油，用水淀粉勾芡至浓稠的糊状。

④ 起锅，调入鸡精，浇入蒸好的鸡蛋上即可。

功效 鸡蛋中含有很完美的营养比例，可以提高机体的免疫力，对防治口腔溃疡十分有好处，和豆芽菜搭配还能促进排便，可以预防因便秘而引起的口腔炎症。

🍲 苦瓜豆腐汤

原材料 苦瓜1个，豆腐400克。

调味料 料酒1小匙，酱油1大匙，水淀粉1
小匙，植物油、香油、盐、鸡精各
适量。

做　法

① 苦瓜对半剖开，去瓤，洗净，切成片；
豆腐洗净，切成块。

② 锅内放入适量植物油，烧热，待略为降
温，加入苦瓜片，翻炒片刻，注入适量
沸水，倒入豆腐块，用勺划匀。

③ 调入料酒、酱油、盐、鸡精，煮沸，用
水淀粉勾芡，淋上香油即可。

功效 苦瓜具有清热去火的功效，不仅
对身体排毒有神奇的作用，也可
以帮助减缓口腔溃疡发作；豆腐
也可以预防因激素而引起的口腔
溃疡。

🍲 香菇油菜汤

原材料 油菜200克，小香菇50克，火腿丝
50克。

调味料 牡蛎酱、盐、味精、料酒、香菇高
汤各适量。

做　法

① 油菜择洗干净，一切为二；小香菇用温
水浸透，去柄洗净；火腿丝放入微波炉
中烤脆，取出备用。

② 锅中加香菇高汤烧沸，放入小香菇、牡
蛎酱、料酒煮至香菇熟软，再放入油菜
煮至翠绿，调入盐、味精，撒火腿丝，
搅匀即可。

功效 香菇中的维生素B_2比较多，对于
口腔炎症的恢复和预防有作用；
油菜可以增强机体的免疫力。这
道香菇油菜汤对预防口腔溃疡和
便秘都比较有效。

雪梨苹果炖肉

原材料 苹果1个，雪梨1个，猪里脊200克，无花果干3个，南北杏仁各15克，枸杞3克。

调味料 盐适量。

做 法

① 将无花果干、南北杏仁和枸杞用清水洗净；苹果和雪梨洗净，去掉内核、留皮，改刀切成大块；将里脊肉洗净后切成4大块。

② 锅中倒入清水，大火煮沸后，放入里脊肉焯烫3分钟后捞出，用清水冲掉肉表面的浮沫。

③ 把里脊肉、无花果干、南北杏仁、苹果、雪梨和枸杞放入汤锅内，倒入清水，大火煮开后撇去浮沫，盖上盖子，转小火煲1小时即可。

功效 苹果富含维生素，雪梨富含维生素B，且能去火，两者煮汤，对口腔溃疡有不错的疗效。

瓜皮玉米须汤

原材料 玉米须、西瓜皮、香蕉各适量。

调味料 冰糖适量。

做 法

① 将玉米须冲洗净，西瓜皮洗净切块，香蕉去皮后切成块。

② 锅中加入清水，下所有食材，煮烂后加冰糖即可。

功效 这道汤可以清火气，抑制口腔溃疡。

便秘

便秘是指排便次数明显减少，每2~3天或更长时间一次，无规律，粪质干硬，常伴有排便困难感的一种病理现象。有些正常人数天才排便一次，但无不适感，这种情况不属便秘。便秘多因不良饮食和生活习惯所致，如食物吃得过精细，摄入过多高蛋白、高脂肪或辛辣、刺激性食物以及运动量不足等。

饮食调理指导

① 便秘患者宜多食具有润肠通便功效的食物，如香蕉、苹果、红薯、酸奶、蜂蜜、芝麻等。

② 便秘患者宜多食含纤维素较多的食物，如五谷杂粮、蔬菜（芹菜、萝卜、韭菜、生蒜等）、水果（苹果、红枣、香蕉、梨、猕猴桃、西瓜、橙子、柚子、大枣、桑葚等）。

③ 便秘患者的食物不宜吃得过于精细，要适当吃些粗粮。

④ 要注意多喝水，一天的饮水量最好能在1500毫升以上。还要注意饮水方式，建议每天晨起空腹饮一杯淡盐水或蜂蜜水，再配合腹部按摩或转腰，让水在肠胃振动，加强通便作用。

⑤ 要避免过多地食用高蛋白、高脂肪等油腻食物以及容易引起上火的辛辣、刺激性食物。

萝卜汤

原材料 萝卜1根，高汤4碗，香菜少许。
调味料 盐少许。

做　法

① 萝卜洗净、去皮、切块；香菜洗净，切小段。

② 将萝卜放入锅中，加入适量高汤，大火煮开后调至小火，熬至筷子可穿透萝卜即可，最后加入少许盐调味，撒上香菜。

> **功效** 萝卜性凉，味甘辛，具有顺气消食、止咳化痰、除燥生津、通肠利便等作用。便秘患者每天喝萝卜汤，连汤带萝卜一起吃，能有效改善便秘症状。

红薯红枣汤

原材料 红薯300克，老姜20克，去核红枣10颗，糯米粉50克。
调味料 红糖适量。

做　法

① 红薯洗净切块，老姜切厚片备用。

② 锅内放入适量水和红薯块、姜片和红枣，大火煮开后转小火煮30分钟左右。

③ 糯米粉加水，搓成小团子备用。

④ 另起一锅，放入适量水烧沸，将小团子放入，煮熟后捞出，放入凉水中备用。

⑤ 把小团子放入煮好的红薯汤内，放入适量红糖即可。

> **功效** 红薯含有丰富的膳食纤维，能刺激肠道，增强蠕动，通便排毒。

🍲 豆角炖排骨

原材料 排骨300克，豆角200克，速冻玉米2根，葱、姜各适量。

调味料 盐适量。

做 法

1. 排骨洗净剁块；豆角洗净切段；玉米切块。
2. 锅内放入适量油，下葱、姜炝锅后，下排骨肉炒至变色，再加入适量的水。
3. 放入玉米、豆角，大火炖至排骨熟烂后，加盐调味即可。

功效 豆角中含有丰富的膳食纤维，可以促进肠胃蠕动，有效地预防便秘。

🍲 苦瓜白萝卜汤

原材料 苦瓜、白萝卜各1根，葱白适量。

调味料 盐适量。

做 法

1. 将苦瓜洗净，纵向劈成两半，去瓤，切薄片；白萝卜洗净、去皮、切片。
2. 锅内下入苦瓜、白萝卜、葱白，加水煮开，改用文火炖熟后加盐调味即可。

功效 这道汤中所含的膳食纤维丰富，可以增强肠胃蠕动，促进排便，预防便秘。

🍲 萝卜蜂蜜饮

原材料　白萝卜1根，大枣10颗，生姜适量。

调味料　蜂蜜适量。

做　法

① 白萝卜洗净切片；大枣洗净；生姜切片。

② 将白萝卜、大枣、生姜一起放入锅中，煮1小时后调入适量蜂蜜即可。

功效　白萝卜富含膳食纤维，蜂蜜有润肠通便的功效，一同煮汤，适宜肠燥便秘、气虚便秘（有便意却无便力）者服食。

贫血

　　贫血多因造血营养素如铁、叶酸或维生素B_{12}等摄入不足所引起。轻度贫血基本没有任何明显症状，中度以上贫血则会出现脸色苍白或萎黄、头晕无力、眼睑或嘴唇淡白、指甲变形或易断等症状。中重度贫血者，除了需要饮食调养外，还需要咨询医生、听从嘱咐，看是否需要补充铁剂或者进行其他治疗。

饮食调理指导

1　多吃补血的食物。平时的饮食中可以多吃一些黑豆、胡萝卜、面筋、菠菜、龙眼肉、萝卜干等，这些都是具补血作用的。

2　补充维生素C、叶绿素等物质，有利于人体对铁质的吸收，可以多吃有色的新鲜蔬菜和水果。

3　补充高蛋白食物。高蛋白食物可促进铁的吸收，也是合成血红蛋白的必需物质，如肉类、鱼类、禽蛋等。

4　多吃含铁量高的食物，如肝、腰、肾、红色瘦肉、鱼禽动物血、蛋奶、硬果、干果（如葡萄干、杏干、干枣等）、香菇、木耳、蘑菇、海带、豆制品及绿叶蔬菜等，可预防缺铁性贫血。

红绿皮蛋汤

原材料 绿色蔬菜150克（菠菜、豆苗均可），西红柿2个，皮蛋2个，姜末1小匙。

调味料 罐头高汤1杯，盐1小匙。

做 法

① 西红柿洗净，放入沸水中稍烫，撕去外皮，对半剖开，去蒂，切成片。

② 皮蛋洗净、剥壳、对剖、切片；绿色蔬菜洗净，切段备用。

③ 锅置火上，放油烧热，放入皮蛋过油炸酥，加入高汤没过皮蛋，放入姜末。

④ 煮至汤色泛白，加入绿色蔬菜、西红柿片和盐，待煮开即可熄火，盛出食用。

功效 绿色蔬菜、西红柿含有丰富的维生素C和铁；皮蛋的营养成分与一般的蛋类相近，两者煮汤，既补充营养，又可以预防缺铁性贫血。

猪血菠菜汤

原材料 猪血1块，菠菜250克，葱1根。

调味料 盐、香油各适量。

功效 菠菜、猪血都是补血的食物，菠菜还含有丰富的铁。此汤不但能够补血，还能明目润燥。贫血的人不妨经常饮用，不但可以补血，还可以补充体内缺乏的铁质等营养元素。

做 法

① 猪血洗净、切块；葱洗净，葱绿切段，葱白切丝；菠菜洗净、切段。

② 锅置火上，放少许油烧热，放入葱段爆香，倒入清水煮开。

③ 放入猪血、菠菜，煮至水沸，加盐调味，熄火后淋少许香油，撒上葱白即可。

🍲 蛤蜊汤

原材料 蛤蜊150克,姜丝少许,葱末
少许,米酒1小匙。

调味料 盐少许。

做　法

① 蛤蜊泡水,吐沙后洗净备用。

② 取锅,倒入适量水煮沸后,放入蛤
蜊、姜丝,待蛤蜊打开后,放入所
有调味料拌匀,加入葱末即可。

功效 常吃花蛤可以帮助身体补血,它
富含维生素B_{12},是一种可以刺激
我们血液细胞分裂的物质。

🍲 猪肝咸鸭蛋汤

原材料 小芥菜300克,猪肝200克,咸鸭蛋
2个,姜1小块。

调味料 盐适量。

做　法

① 小芥菜洗净、切段;姜去皮、洗净、
切片。

② 猪肝洗净,切成薄片;咸鸭蛋切瓣。

③ 锅置火上,加入半锅水煮沸,放入所
有材料滚沸,熄火,加入适量盐调味
即可。

功效 猪肝含铁质十分丰富,该汤以咸
鸭蛋提鲜,加上芥菜的清甜,不
仅能获得较全面的营养,还能有
效地预防缺铁性贫血。

胡萝卜柿饼瘦肉汤

原材料 胡萝卜2根，柿饼2个，去核红枣8
颗，猪瘦肉200克。

调味料 盐适量。

做　法

① 将胡萝卜去皮，切厚片；柿饼、红枣用
水细洗；瘦肉切片。

② 将全部材料放入砂锅内，加水炖1小时
左右，加盐调味即可。

功效 这道汤含丰富的维生素B$_1$、铁、
锌等营养素，可以预防缺铁性
贫血。

骨枣汤

原材料 长骨或脊骨300克，红枣8颗，生姜
适量。

调味料 盐少许。

做　法

① 将长骨或脊骨洗净、捣碎；红枣洗净、
泡开。

② 将长骨或脊骨、红枣、生姜放入瓦煲
内，加适量清水，置火上。

③ 大火烧沸后，转小火烧2小时以上，汤
稠之后，加少许盐调味即可。

功效 这道汤的营养十分丰富，有补虚
填髓、养血补血的功效。

头晕

头晕可分为两类：一为旋转性眩晕，多由前庭神经系统及小脑的功能障碍所致，以倾倒的感觉为主，感到自身晃动或景物旋转；二为一般性眩晕，多由某些全身性疾病引起，以头昏的感觉为主，感到头重脚轻。出现特别明显的头晕感觉时，建议去医院检查，同时辅以饮食调理。

饮食调理指导

1. 荤素兼食，合理搭配膳食，保证摄入全面充足的营养物质，使体质从纤弱逐渐变得健壮。

2. 适当多吃富含蛋白质、铁、叶酸、维生素B_{12}、维生素C等有造血功能的食物，诸如猪肝、蛋黄、瘦肉、牛奶、鱼虾、贝类、大豆、豆腐、红糖及新鲜蔬菜、水果，有利于改善贫血，增加心排血量，改善大脑的供血量，减轻头晕的症状。

3. 莲子、桂圆、大枣、桑葚等果品，具有养心益血、健脾补脑之力，可常食用。

4. 大部分患头晕的人都会伴有食欲不振、恶心呕吐等症状，因此应少食多餐、避免油腻食品，还可适当食用能刺激食欲的食物和调味品，如姜、葱、醋、酱、糖、胡椒、辣椒、啤酒、葡萄酒等。

芥菜羊肉汤

原材料 羊肉300克，芥菜200克，香菜、干
姜、葱、水淀粉各适量。

调味料 盐、白胡椒粉、料酒、醋、植物油
各适量。

做 法

1. 羊肉洗净切片，加入少许盐和料酒腌制。

2. 香菜、葱切段；干姜切片；芥菜先切下
   叶子，把帮子从中间一分为二，抹刀切
   成薄片。

3. 干姜煮水，待水开后，将羊肉裹上淀粉
   浆，下水汆烫。

4. 另起锅，烧水煮开，将芥菜下水焯烫，
   焯好后盛入碗中。

5. 在碗中加入葱花、比例为5：1的白胡椒
   粉和醋，以及适量盐调味。

6. 挑出锅中的干姜，把汆好的羊肉倒入碗
   中，最后撒上香菜即可。

功效 芥菜含有大量的抗坏血酸，是活
性很强的还原物质，参与机体重
要的氧化还原过程，能增加大脑
中的氧含量，激发大脑对氧的
利用，有提神醒脑、解除疲劳
的作用。

凤爪枸杞煲猪脑

原材料 猪脑1副，鸡爪150克，枸杞少许，
天麻少许，葱1根，生姜1块。

调味料 高汤适量，盐适量，料酒、胡椒粉
各少许。

做 法

1. 鸡爪砍去尖，猪脑去尽血丝，枸杞洗
   净，葱切段，生姜去皮、切片。

2. 锅内烧水，待水开时，分别投入鸡爪、
   猪脑，用中火焯尽血水，倒出。

3. 砂锅内加入鸡爪、猪脑、天麻、枸杞、
   生姜、葱，注入高汤、料酒、胡椒粉。

4. 用小火煲1小时后，调入盐继续煲30分
   钟即可。

功效 鸡爪含有丰富的胶原蛋白、谷氨
酸，可以补充人体的营养元素；
猪脑有补脑填髓之功效。此汤
对神经衰弱、头晕目眩、失眠健
忘、记忆力降低的人有一定的补
益作用。

🍲 鸡丝豌豆汤

原材料 豌豆50克，鸡胸脯肉200克，鸡蛋1
个，淀粉30克，高汤适量。

调味料 料酒、盐、鸡精、白砂糖各适量。

做 法

❶ 鸡胸脯肉切丝，放在碗里加蛋清、淀粉
抓匀；豌豆入沸水锅中焯一下，捞出沥
干水分。

❷ 炒锅置火上，倒油，三四成热时下入鸡
丝，划炒变色后倒出。

❸ 炒锅留底油，下入豌豆及料酒、高汤、
盐、白砂糖，烧开后撇去浮沫，倒入鸡
丝翻炒片刻，勾薄芡，加入鸡精拌匀
即可。

功效 鸡肉具有温中益气、补精填髓、
益五脏、补虚损的功效，可治疗
由身体虚弱引起的乏力和头晕等
症状。

🍲 八宝鲜鸡汤

原材料 母鸡半只，猪肉100克，杂骨50
克，熟地、当归、党参、茯苓、白
术、白芍、甘草、川芎各适量，葱
5根，生姜1块。

调味料 盐、鸡精各适量。

功效 八宝鸡汤以肥母鸡肉为主要原
料，是气血双补的保健汤肴，
对治疗气血亏虚导致的头晕有
一定效果。

做 法

❶ 将党参、茯苓、白术等8味药物先用清
水浸洗一下，再用纱布袋装好扎口。

❷ 将猪肉、鸡肉分别冲洗干净；杂骨洗净
打碎；生姜洗净拍破；葱洗净切段。

❸ 将猪肉、鸡肉、药袋和杂骨放入锅中，
加水适量。

❹ 先用大火煮沸，撇去浮沫，加入生姜、
葱，用小火炖至鸡肉烂熟。

❺ 将汤中药物、生姜、葱捞出不用，加盐
和鸡精调味即可。

🍲 莲子桂圆猪脑汤

原材料 猪脑200克，莲子50克，桂圆肉30克，陈皮1块。

调味料 盐适量。

做 法

① 莲子、桂圆肉和陈皮分别用清水洗净，莲子去芯；猪脑浸于清水中，撕去表面薄膜，用牙签挑去红筋，用清水洗净，放入沸水锅中稍焯一下。

② 将猪脑、莲子、桂圆肉和陈皮一同放入炖盅内，隔水炖4小时左右，加入盐调味即可。

功效 这道汤具有温中益气、补精填髓、益五脏、补虚损的功效，可用于脾胃气虚、阳虚引起的乏力、虚弱头晕的调补。

🍲 鱼头豆腐汤

原材料 鲤鱼头1个，豆腐150克，青菜、枸杞、姜片、香菜碎各适量。

调味料 料酒、盐各适量。

做 法

① 鱼头清理干净；青菜洗净，切段；豆腐切片。

② 锅中加入适量水，加入料酒、盐煮沸，放入清理干净的鱼头汆烫，取出备用。

③ 汆烫鱼头的水倒掉，另放入适量清水，将鱼头、豆腐、姜片、枸杞放入锅中，大火煮沸后转小火煲40分钟，最后放入青菜、盐搅拌均匀，撒香菜碎即可。

功效 鱼头中含有丰富的不饱和脂肪酸，有很好的健脑作用。

头痛

头痛分为很多种，其中最常见的是偏头痛。偏头痛多与精神、饮食、睡眠以及疾病有关，如精神过于紧张焦虑，食用过量咖啡、酒等刺激性食物，睡眠不足，或因眼、耳、鼻及鼻窦、牙齿、颈部等病变刺激神经而引发偏头痛。头痛时，需要去医院检查以排除疾病，同时辅以饮食调理。

饮食调理指导

❶ 头痛病人在头痛发作期应少食多餐，并以清淡饮食为主，多食蔬菜，特别是绿色蔬菜（如芹菜、菠菜等），忌食辛辣、厚味食物。

❷ 经常头痛的人，应多补充维生素B、维生素C、维生素E、钙、镁、铁等营养素，特别是需要补充维生素B_2和镁。研究发现，口服高剂量维生素B_2（每天以不超过400毫克为宜），可减少偏头痛发作的频率和持续的时间。而多吃含镁丰富的食物，如瓜子、花生、杏仁、芝麻等，可预防体内镁元素的不足（对某些人来说，即使只缺一点镁，也会引发头痛）。

❸ 少食或不食会引发头痛的食物，如巧克力、酒精、牛乳制品、柠檬汁、油煎脂肪食品、茶、咖啡、洋葱、啤酒以及海鲜食品等。

天麻川芎鱼头汤

原材料 草鱼头（大个）1个，豆腐1块，木耳少许，天麻1片，川芎1片，黄芪、白芷、姜片各少许。

调味料 盐、料酒、酱油各适量。

做 法

① 将鱼头用盐、料酒、少许酱油和姜片腌半小时，既能入味，又能去除腥味。

② 将药材和木耳放入锅中，加入足量的水，大火炖1小时左右。

③ 锅置火上，烧热放油，放入姜片爆香，放入鱼头两面各煎1分钟。

④ 将煎好的鱼头放入炖好的汤锅内，放入切成方块的豆腐，中火炖20分钟左右，最后再放入少许料酒和盐调味即可。

> **功效** 天麻专治神经衰弱、眩晕头痛，而草鱼头能滋补大脑，两者相形益彰，是治疗头痛——特别是偏头痛的首选食疗方。

花生猪蹄汤

原材料 花生100克，猪蹄1只，姜适量。

调味料 盐、糖各少许，酱油、白酒各适量。

做 法

① 将猪脚洗净余烫，然后放进锅中炒至微黄色。

② 加入花生、盐、糖、酱油、白酒、姜和适量的水。

③ 以小火炖煮，炖至猪蹄熟透即可。

> **功效** 花生含镁，身体缺镁会导致偏头疼。

小麦红枣猪脑汤

原材料 猪脑100克，小麦30克，红枣20克。
调味料 白砂糖20克，黄酒5克。
做　法

① 小麦洗净，滤干；红枣洗净，用温水浸泡片刻；猪脑挑去血筋，洗净。

② 将小麦倒入锅中，加入适量清水（约2碗半），小火先煮半小时，再放入猪脑、红枣。

③ 待沸后，加白砂糖、黄酒，继续慢炖半小时至1小时即可。

功效 小麦能降低血液中的胆固醇的浓度，还具有防止脂肪堆积的作用，与猪脑炖汤，可以防止脑血管硬化、血液黏度增高、大脑局部血氧缺少，从而防治头晕、头疼等症状。

菊花汤

原材料 菊花嫩芽200克。
调味料 盐适量。
做　法

取菊花嫩芽冲洗干净后，放砂锅内加适量清水及食盐少许，煮成汤，饮用即可。

功效 中医认为菊花具有散风清热、平肝明目的功效，可用于风热感冒、头痛眩晕、目赤肿痛、眼目昏花等症。

 # 天麻炖猪脑

原材料　猪脑350克，天麻8克，姜片10克。

调味料　盐适量。

做　法

① 将猪脑的红筋小心挑除干净，洗净后隔去水分。

② 将猪脑、天麻及姜片放入炖盅内，注入大半盅冷开水，盖上盅盖，用纱纸封口，放沸水锅中。

③ 隔水炖3小时左右，加盐调味即可。

> **功效**　猪脑味甘性凉，入心、肝经，有补脑填髓之效果。此汤对身体虚弱、神经衰弱、头痛目眩的人有一定的补益作用。

消化
不良

消化不良是一种由胃动力障碍引起的疾病，也包括胃蠕动不好的胃轻瘫和食道反流病，主要是由不良饮食习惯所导致的。其症状包括胀气、腹痛、打嗝、恶心、呕吐、进食后有烧灼感以及肛门排气等。

饮食调理指导

① 保持饮食均衡并多食用富含纤维素的食物，例如新鲜水果、蔬菜及全麦等谷类。多食有利于消化的食物，如大麦及大麦芽、酸奶、苹果、西红柿、橘皮、白菜等。

② 要做到每餐食量适度，每日三餐定时，到了规定时间，不管肚子饿不饿，都应主动进食，避免过饥或过饱。

③ 吃饭时需细嚼慢咽，不要狼吞虎咽，以减轻胃肠负担。

④ 避免食用精制的糖类、面包、蛋糕、通心粉、乳制品、咖啡因、柳橙类水果、西红柿、青椒、碳酸饮料、洋芋片、垃圾食物、油炸食物、辛辣食物、红肉、豆类等食物，这些食物容易导致蛋白质消化不良。

⑤ 少吃生冷食物、刺激性食物。因生冷和刺激性强的食物对消化道黏膜具有较强的刺激作用，容易引起腹泻或消化道炎症。

山楂红枣饮

原材料 山楂50克，红枣15颗。

调味料 白砂糖适量。

做 法

① 将山楂洗净、去核；红枣洗净、切半、去核。

② 锅中加入适量清水，大火加热至水沸腾，将备好的山楂和红枣一同放入锅中，用炒铲尽量将山楂捣碎。

③ 煮约10分钟后，可依个人口味加入少许白砂糖，再改用小火，其间可加适量的水，再慢炖10~15分钟。

功效 山楂有消食健胃、收敛止痢的功效；红枣有补益脾胃、补血安神的功效。两者搭配食用，既营养又美味，对消化不良、身体虚弱的人来说非常适宜。

冬瓜猪蹄煲

原材料 猪蹄1只，冬瓜200克，果脯适量，老姜少许。

调味料 盐适量，鸡精少许。

做 法

① 将猪蹄洗净，斩块；冬瓜连皮切块；果脯洗净。

② 煲内烧水至煮沸后，放入猪蹄汆烫，撇去表面血沫，倒出用清水洗净。

③ 将汆烫后的猪蹄放入砂锅中，加适量清水，用大火煮沸后，放入冬瓜、果脯、老姜。

④ 转小火煲2小时后调入盐、鸡精，即可食用。

功效 冬瓜煲猪蹄能有效地起到清热利尿、健脾涩肠的作用，对于因饮酒导致的喉咙干涩、肠胃不适、消化不良等有很好的功效。

莲子枸杞山楂汤

原材料 山楂干30克，山楂糕100克，莲子20克，葡萄干10克，枸杞10克，银耳1小朵，人参果（蕨麻）15克，百合30克，咸桂花10克。

调味料 冰糖适量。

做 法

① 将山楂干、莲子和银耳泡软，洗净备用。

② 将浸泡过的山楂干连同浸泡的水一起倒入搅拌机中打碎（水量是山楂干的3倍）。

③ 将打碎的山楂汤倒入锅中，再倒入清水，下入葡萄干、莲子、枸杞、银耳、人参果、百合、切块的山楂糕、冰糖和咸桂花，煮半小时左右。

功效 莲子温中健脾，可以治脾胃虚弱；山楂可以治疗消化不良。

 # 山楂汤

原材料 山楂50克。

调味料 冰糖适量。

做 法

① 将山楂洗净，切开。

② 切好的山楂块放入锅中，加水煮开后加冰糖调味即可。

功效 山楂营养丰富，几乎含有水果的所有营养成分，特别是含有比较多的有机酸和大量的维生素C，有开胃消食的食疗作用。

山楂金银花汤

原材料　干山楂片15克，金银花30克。
调味料　蜂蜜适量。
做　法

① 将山楂片洗净、去核，放入砂锅中，加
　水煮开，改用文火煨，加入金银花，共
　炖10分钟。

② 加入蜂蜜，调匀即可，去渣饮汁。

功效 山楂有健胃消食、活血化瘀的功效，可用于调治小儿消化不良、食积内停。

胃痛
不适

胃痛又称胃脘痛，属常见病。古人常说的"心痛""心下痛"，多指胃痛。导致胃痛的原因有很多，主要包括：饮酒过多、吃辣过度、过食寒凉、经常进食难消化的食物；工作过度紧张、食无定时、吃饱后马上工作或做运动；劳累过度、脾胃虚弱等。经常胃痛需要去医院看医生，遵医嘱用药治疗，同时辅以饮食调理。

饮食调理指导

① 适合胃病患者食用的食物有：羊肉、莲藕、南瓜、土豆、山药、桂圆、红枣、莲子、胡萝卜等。

② 胃病患者要注意营养均衡，多食富含维生素的蔬菜、水果，以利于保护胃黏膜和提高其防御能力。

③ 饮食宜软、温、暖。烹调宜用蒸、煮、熬、烩，少吃坚硬、粗糙类不易消化的食物。进食讲究细嚼慢咽。

④ 饮食应坚持定时定量的原则。长期胃痛的病人每日三餐或加餐均应定时，间隔时间不宜过长。急性胃痛的病人应尽量少食多餐，平时不要吃太多零食，以减轻胃的负担。

⑤ 饮食以清淡为主，少食肥腻及各种辛辣、刺激性食物，忌食巧克力。

🍲 木瓜鲩鱼尾汤

原材料 木瓜1个，鲩鱼尾100克，生姜2片。

调味料 盐少许。

做 法

① 将木瓜削皮、切块；鲩鱼尾清理干净。

② 锅置火上，放油烧热，放入鲩鱼尾略煎片刻。

③ 加入木瓜及生姜片少许，放入适量清水，共煮1小时左右，最后加入少许盐调味即可。

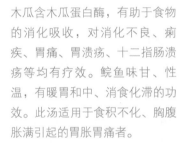 **功效** 木瓜含木瓜蛋白酶，有助于食物的消化吸收，对消化不良、痢疾、胃痛、胃溃疡、十二指肠溃疡等均有疗效。鲩鱼味甘、性温，有暖胃和中、消食化滞的功效。此汤适用于食积不化、胸腹胀满引起的胃胀胃痛者。

🍲 山药土豆莲子汤

原材料 土豆200克，豆腐150克，香菇5朵，芡实、茯苓、山药、莲子各20克。

调味料 盐适量。

做 法

① 豆腐洗净，切成2厘米见方的块状；香菇浸水、去蒂，土豆去皮、切块。

② 芡实、茯苓、山药磨粉，莲子洗净。

③ 炒锅开大火，倒入花生油，热至8分熟，下豆腐、土豆炸黄后捞起。

④ 炖锅内放入豆腐、香菇、土豆、莲子，以及磨粉调水后的芡实、茯苓、山药等材料，加入适量水煮沸，再以小火慢煮1小时，加盐调味即可。

 功效 土豆具有补气、健脾胃、消炎止痛的作用，适用于胃痛、便秘及十二指肠溃疡等，加入具有清热解毒、补中止痛的蜂蜜，对胃脘隐痛、食少倦怠、虚劳咳嗽等有一定的食疗作用。

🍲 猴头菇煲乌鸡

原材料 猴头菇2朵，乌鸡1只，大葱1根，老姜1块。

调味料 盐适量。

做 法

① 用剪刀略剪去猴头菇表面的细毛后，用温水浸泡12个小时以上，再反复用清水搓洗猴头菇，洗净后切掉根部；乌鸡去除内脏和头尾；大葱切段，老姜切片。

② 把乌鸡放入汤煲中，一次性倒入足量清水。大火加热后，撇去浮沫。

③ 放入猴头菇、葱段和姜片。盖上盖子，中火炖2小时左右。食用前，放适量盐调味。

功效 乌鸡有温暖脾胃、补益中气的功效，对脾胃虚寒、食欲不佳、腹胀腹泻有一定的缓解作用；猴头菇具有扶正补虚、悦脾和胃的功效。两者合用具有健脾、和胃、止痛的功效，适合胃痛者长期食用。

🍲 山药腰片汤

原材料 冬瓜300克，猪腰子200克，山药、薏米、黄芪、香菇各15克，葱半根，姜1片，鸡汤适量。

调味料 盐少许。

做 法

① 冬瓜去皮、切块，洗净备用；香菇去蒂，洗净备用；葱洗净，切段备用；黄芪、薏米、山药均洗净备用。

② 将猪腰子剔去筋膜和臊腺，洗净切成薄片，放入沸水中氽烫后捞出备用。

③ 将锅置于火上，加入鸡汤，先放入葱、姜，再放入薏米、黄芪和冬瓜，以中火煮40分钟。

④ 将猪腰子、香菇和山药放入锅内，大火煮开后改用小火稍煮片刻，调入盐即可。

功效 山药含多种营养成分，果实间有果胶和糖类组成的黏液，可保护胃壁，还可以促进胃肠蠕动、防止便秘，是健胃润肠的食材。

红枣莲子鸡蛋汤

原材料 红枣10颗，莲子30克，鸡蛋2个。

调味料 冰糖适量。

做　法

① 红枣用清水浸泡2小时，用水将红枣和莲子清洗干净。

② 锅中放入红枣、莲子和足量清水，烧沸后转小火慢慢炖煮40分钟。

③ 将冰糖放入，待冰糖溶化后，打入鸡蛋，不要搅拌，小火煮约5分钟即可。

> **功效** 这道汤有补虚损、健脾胃之效，用于虚劳瘦弱、胃疼痛、胃下垂等。

食欲
不振

食欲不振可分为生理性食欲不振和病理性食欲不振两种。生理性食欲不振通常是由情绪不佳、睡眠不足、疲倦、饮食失调等引起的，大多持续时间短，恢复快。还有一类食欲不振是一些重大疾病的早期信号，比如贫血、肠胃炎、肝炎、心力衰竭、肺结核、肝硬化等，这类食欲不振一般持续时间较长，不易恢复，同时还伴有其他并发症状，如恶心呕吐、盗汗、消瘦乏力、某个部位疼痛等。长时间不思饮食时，要引起警觉，去医院检查一下，看是不是某些疾病来临前的信号。

饮食调理指导

1. 可以多吃些开胃促消化的食物，如藕粉、山楂、鱼肉等。此外，牛油果、香蕉、酸奶、全麦面包等食物也易于消化吸收，可增强食欲、改善味觉。

2. 多食用含维生素B的食物，如麦片、燕麦、玉米等五谷杂粮和绿叶蔬菜（如菠菜）等，可增强食欲。

3. 选用合适的烹调方法，保证饭菜的色、香、味以促进食欲，且有利于食物的消化吸收，如做成汁、羹、饭等。

4. 平时应多吃粗粮，忌食肥腻、不易消化的食物，不偏食、挑食。

🍲 菠萝山楂汤

原材料 菠萝1个，山楂20克。
调味料 白砂糖适量。
做 法

① 菠萝处理干净，用盐水浸泡后捞出，洗净切成片。

② 锅内放入清水，放入白砂糖、山楂、菠萝片煮沸。

③ 转用小火煮半小时即可。

功效 滋味酸甜的菠萝有生津止渴、助消化、止泻、利尿等功效，可帮助减轻烦渴、头晕、倦怠、闷饱难耐、食欲不振等症状，与开胃消食的山楂搭配功效更显著。

🍲 西红柿鸡蛋汤

原材料 大西红柿1个，鸡蛋2个。
调味料 葱、盐、鸡精各适量。
做 法

① 西红柿洗净，切成片；葱切成葱花；鸡蛋磕入碗中，搅打成液。

② 锅置火上，放油烧热后，倒入鸡蛋液，炒成金黄色即可盛起备用（注意不要炒焦了）。

③ 锅再放油，放入西红柿翻炒，等西红柿炒软、出汁后，倒入炒好的鸡蛋，翻炒一下。再加入2~3大碗水煮。水开后，加入少许盐、鸡精，撒上葱花即可。

功效 西红柿有清热生津、健胃消食的作用，而且酸酸的味道特别开胃，与鸡蛋搭配做汤，非常美味营养，对食欲不振的人来说，特别有效。

奶香芹菜汤

原材料 小香芹150克，牛奶150毫升，奶油
50克。

调味料 面粉2小匙，盐1小匙。

做 法

1. 将小香芹择洗干净，切末备用；将牛奶
倒入一个干净的大碗中，加入盐、奶油
及2小匙面粉，调匀。

2. 锅内加入1杯清水煮开，倒入小香芹
末煮熟。

3. 将调好的牛奶面糊倒入香芹菜汤中，煮
沸即可。

> **功效** 芹菜中含有丰富的植物纤维，可
以促进肠胃蠕动，有效预防便
秘，其中所含的芳香油还能增进
食欲。

豆芽海带鲫鱼汤

原材料 活鲫鱼1条，黄豆芽200克，海带25
克，姜丝、葱丝各适量。

调味料 鲜汤少许，料酒1大匙，酱油、
盐、醋、鸡精各适量。

做 法

1. 先将鲫鱼去鳃、鳞、内脏，洗净，在鱼
身两侧斜切成十字花刀，控干水；黄豆
芽洗净，拣出豆皮，沥干水；海带用温
水泡发，洗净，切成长约3厘米、宽约
0.3厘米的丝。

2. 锅置火上，加入适量清水，烧开后将鲫
鱼放入焯一下，捞起，放入清水中把鱼
腹腔内黑膜洗净，沥去水分。

3. 锅内放油，烧热，放入姜丝、葱丝，炝
出香味，加入鲜汤、酱油、料酒、醋，
待汤开时，放入鲫鱼、黄豆芽、海带
丝，用小火炖15分钟后，加盐、鸡精调
味即可。

> **功效** 海带、鲫鱼与豆芽均可利水，夏
季食欲不佳时可提振食欲。

开胃蔬菜汤

原材料 洋葱半个，胡萝卜1根，芹菜1根，西红柿1个，甜玉米1个，青笋1个。

调味料 盐、白胡椒粉各适量。

做　法

① 把洋葱、胡萝卜、西红柿、青笋、甜玉米清洗干净后，切成同样大小的滚刀块，芹菜去掉叶子只留梗，切成小段备用。

② 汤锅中倒入一点点油，然后将2/3的西红柿块和所有的洋葱块放入锅中，煸炒30秒钟，直到西红柿炒软，有红色汤汁出现。

③ 往锅中倒入足量的清水，接着放入胡萝卜、芹菜、甜玉米、青笋，大火煮开后，转中小火，盖上盖子，煮20分钟左右。

④ 出锅时放入剩余的一小部分西红柿，撒上盐和白胡椒粉，搅匀后即可食用。

> **功效** 这道汤含有丰富的钙质、蛋白质、铁质、胡萝卜素、维生素C及维生素B，可增强抵抗力，促进食欲。

西红柿洋葱汤

原材料 西红柿2个，葱1根，洋葱半个，高汤1碗。

调味料 盐适量。

做　法

① 西红柿洗净后用热水汆烫以去皮，切块，洋葱洗净后切片，葱洗净切葱花。

② 坐锅上火，放入高汤、西红柿、洋葱片，先用大火煮开后，再用小火煮30分钟，最后加盐、撒葱花即可食用。

> **功效** 西红柿有刺激唾液分泌的作用，能增进食欲，搭配洋葱做汤，可以帮助消化，促进肠道蠕动，防止便秘。

疲乏
无力

疲乏无力的症状：浑身倦怠，总想伸懒腰、打哈欠，睡眼惺忪；时有心悸、胸闷、厌烦；不明原因的消瘦，体重逐渐下降等。疲乏无力大多属于生理性疲乏，主要是长期劳累或睡眠不足所致。若出现没有任何原因的经常性的疲乏无力感，可能是某些疾病的先兆，应引起重视，须去医院检查一下身体。

饮食调理指导

1. 增加碱性食物的摄取量，如新鲜的水果、蔬菜、菌藻类、奶类等，可以中和体内的"疲劳素"——乳酸，以缓解疲劳。
2. 增加蛋白质的摄入量。人体热量消耗太多时也会感到疲劳，高蛋白食品能补充人体消耗的热量，如豆腐、牛奶、鱼、蛋、全麦面包、谷类等。
3. 多食含丰富维生素C、维生素B_1和维生素B_2的食物，如西蓝花、苦瓜、葡萄、草莓、猕猴桃等，它们能把体内积存的代谢产物（毒素）尽快处理掉，有助于消除疲乏。
4. 食用一些补气、补血的药膳，如黄芪、党参、人参、西洋参等，以补气虚、减轻疲劳，恢复体力。

核桃牛肉汤

原材料 牛肉400克，核桃肉50克，山药适量，枸杞1大匙，桂圆肉20克，姜2片。

调味料 盐、鸡精各适量。

做 法

① 核桃肉放入锅中（不用油），小火炒5分钟后取出，然后放入沸水中煮3分钟，捞起洗净。

② 山药、枸杞、桂圆肉洗净备用；牛肉放入沸水中煮5分钟，捞出洗净切片。

③ 将适量清水煮沸，放入所有材料煮开，转小火煲3.5小时，放入盐、鸡精调味即可。

功效 核桃和牛肉均具有健肾、补血、益胃的功效，对肾亏腰痛、肺虚久咳、气喘、大便秘结、病后虚弱以及头晕、失眠、食欲不振、全身无力等症均有一定疗效。

双参炖肉

原材料 猪瘦肉300克，西洋参10克，党参20克，香菇20克，荷兰豆50克，冬笋60克，葱、姜各适量。

调味料 盐、料酒、味精各适量。

做 法

① 双参洗净，切丝；香菇洗净，切丝；猪瘦肉洗净，切块；冬笋洗净，切片；荷兰豆洗净。

② 将全部材料一起放进砂锅，加少量料酒后倒入适量水。

③ 将砂锅置武火上烧沸，再改小火慢炖。

④ 待猪精肉熟烂，加入盐、味精等调味即可。

功效 西洋参、党参可以补气虚，帮助人减轻疲劳，恢复体力。

苦瓜牛肉汤

原材料 牛柳肉100克，苦瓜1根。

调味料 酱油、香油、料酒、淀粉、盐各适量，白砂糖半小匙。

做 法

① 将酱油、香油、料酒、淀粉、白砂糖同放入一个碗里兑成腌汁。

② 牛柳肉切薄片，加入腌汁拌匀，腌约10分钟；苦瓜切成稍厚的片。

③ 锅中加约1000克水，烧沸后下苦瓜片，用中火煮软熟。

④ 在汤里放盐调好味，下入牛肉片稍煮片刻后搅散。烧沸后，继续煮1分钟至牛肉断生即可。

功效 牛肉的营养价值很高，且能开肠胃、补虚损、益丹田，适合气血亏损、体质虚弱、胃纳欠佳者进补，尤其适合因产后虚损而引起的乏力倦怠、饮食不香。

西蓝花浓汤

原材料 西蓝花半个，法国面包2片。

调味料 盐、糖、香菜末、奶酪粉各适量。

功效 这道汤含有丰富的碳水化合物和大量的蛋白质及叶酸，这些成分能供给人体以能量，消除体内疲劳。

做 法

① 西蓝花洗净，切小朵，放入沸水中氽烫约1分钟捞出，放入果汁机打成西蓝花汁备用。

② 将法国面包切小丁，放入烤盘中，用烤箱烤5分钟至略微焦黄后取出备用。

③ 锅置火上，加入4杯清水，烧开，加入西蓝花汁及少许盐和糖，搅拌均匀。

④ 用中火续煮至浓稠时熄火，食用前撒上香菜末、奶酪粉与面包丁即可。

🍲 排骨炖黄豆

原材料 猪大排500克，黄豆100克，姜丝适量。

调味料 盐、鸡精各适量。

做　法

① 黄豆用水浸泡半小时后捞出，洗净备用；排骨飞水后捞出备用。

② 重新装一锅水，放入排骨、黄豆、姜丝，盖上锅盖煲2~3小时。

③ 加入适量的盐、鸡精调味即可。

功效 这道汤含有丰富的蛋白质，能增强人的体力，缓解因工作、生活压力造成的疲劳。

🍲 黄豆玉米炖猪手

原材料 黄豆100克，猪手500克，甜玉米1个，八角、姜片、白葡萄酒各适量。

调味料 料酒、盐各适量。

做　法

① 将黄豆择洗干净，注入充足的清水，放冰箱浸泡过夜。

② 猪手刮洗干净，锅里加水烧开，放入八角、姜片、料酒煮出血水后捞出，再用凉水洗净。

③ 洗净的猪手放入高压锅，加入甜玉米、姜片、黄豆，一次性加入足够的水。

④ 倒入适量白葡萄酒，盖上锅盖。当气阀开始喷气后转中小火继续煮20~25分钟，关火闷20分钟，食用前加盐调味即可。

功效 猪手对于经常性的四肢疲乏、腿部抽筋、麻木、消化道出血、失血性休克、缺血性脑血管疾病患者有一定辅助疗效，也适于大手术后及重病恢复期间的老人食用。

眼睛
干涩

如今智能手机、平板电脑等设备占据了人们大部分时间，长时间面对荧光屏，缺乏适时地眨眼或让眼睛休息，影响了双眼的泪液分泌，或长期使用某种眼药水，如血管收缩性眼药水等，导致了干眼症患者越来越多。除了要调整生活习惯、保护眼睛外，眼睛出现干涩症状时，还可以通过饮食调理。

饮食调理指导

❶ 防止眼睛干涩要注意营养平衡，平时应多吃些粗粮、杂粮、红绿蔬菜、豆类、水果等富含维生素、蛋白质和食物纤维的食物，或者喝枸杞茶、决明子茶。

❷ 常吃些对眼睛有保健功能的食物，如芝麻，它能缓解眼睛疲劳、防止眼睛干涩。

❸ 电脑操作者应多吃富含维生素A的食物，如豆制品、鱼、牛奶、核桃、大白菜、空心菜、西红柿及新鲜水果等。维生素A可以预防角膜干燥、眼干涩、视力下降等。

菊花红枣汤

原材料 干菊花少许，红枣15颗。

调味料 冰糖少许。

做 法

① 红枣洗净，加适量水煮沸后以小火煮约15分钟，倒入茶壶内。

② 将菊花放在茶壶的滤器内，再将其放在壶上，使菊花能被红枣汤汁浸泡到。

③ 约5分钟后加入少许冰糖即可。

功效 菊花含有丰富的维生素A，是维护眼睛健康的重要物质。凡视力模糊、眼底静脉淤血、视神经炎、视网膜炎都可用菊花治疗，非常适合整天与电脑或电器用品为伍的人。菊花搭配维生素含量丰富的桂圆、红枣熬汤，味道清凉甜美，具有养肝、明目、健脑、延缓衰老等功效。

黑芝麻泥鳅汤

原材料 泥鳅250克，黑芝麻30克。

调味料 鸡精、盐各适量。

功效 黑芝麻含有维生素E和芝麻素，能防止细胞老化，还含有非常丰富的钙质，搭配泥鳅煲汤，不但可以有效地预防骨质疏松，还能滋补脾胃、防止眼睛干涩、缓解眼部疲劳，给眼睛"补充营养"。

做 法

① 黑芝麻洗净备用。

② 泥鳅放冷水锅内，加盖，加热烫熟，然后取出，洗净，沥干水分后下油锅稍煎黄，铲起备用。

③ 泥鳅和黑芝麻放入锅内，加清水适量。

④ 大火煮沸后，再用小火续炖至泥鳅烂熟，放入盐、鸡精调味即可。

胡萝卜瘦肉汤

原材料 瘦猪肉300克，胡萝卜1根，姜片
适量。

调味料 盐适量。

做 法

❶ 瘦猪肉切块，放入沸水中氽烫，捞出备
用；胡萝卜去皮，切成滚刀块。

❷ 锅中放入烫过的瘦肉块，加姜片，大火
煮开，然后改中火煮30分钟。

❸ 最后加入胡萝卜继续煮至熟烂，依个人
口味加盐即可。

功效 胡萝卜富含维生素A，是健康眼
睛的必需营养食材。

枸杞桂圆鸽蛋汤

原材料 鸽蛋10个，桂圆肉20克，枸杞10
克，远志3克，枣仁3克，当归6克。

调味料 白砂糖适量。

做 法

将原材料洗净，放到砂锅内，加入适量的清
水，慢火煮至鸽蛋熟后，放白砂糖即可食用。

功效 枸杞含有丰富的胡萝卜素、多种
维生素和钙、铁等健康眼睛的必
需营养物质，故有明目之功，俗
称"明眼子"。历代医家治疗肝血
不足、肾阴亏虚引起的视物昏花
和夜盲症，常常使用枸杞。

胡萝卜鸡肝汤

原材料 鸡肝1副，胡萝卜1根。

调味料 盐少许。

做 法

① 将胡萝卜洗净切片，放入清水锅内煮沸。

② 投入洗净的鸡肝煮熟，以盐调味即成。

功效 胡萝卜和鸡肝两者合用，营养非常丰富，含有丰富的蛋白质、维生素和尼克酸等多种营养素，尤以维生素A含量较高，常吃可以防止眼睛疲劳，缓解眼睛干涩。

核桃枸杞菊花汤

原材料 核桃仁50克，枸杞20克，山楂30克，菊花12克。

调味料 白砂糖适量。

做 法

① 将核桃仁洗净后，磨成浆汁，倒入瓷盘中，加清水稀释、调匀，待用。

② 山楂、菊花洗净后，水煎2次，去渣取汁。

③ 将山楂菊花汁同核桃仁浆汁、枸杞一同倒入锅内，加白砂糖搅匀，再次煮沸即可。

功效 菊花含有丰富的维生素A，是维护眼睛健康的重要物质；枸杞含有玉米黄素，玉米黄素在视网膜上大量积累，可以减少紫外线刺激，保护视神经不受损。

第四章

二十四节气养生汤饮

根据四季节气的变化，人体内的五脏六腑也在发生着潜移默化的改变。汤饮养生如果能顺时应节，效果会更好。

立春

每年的公历2月4日前后是立春。立春是一年中的第一个节气，"立"的意思即为开始，立春则表示春天开始了。

养生重点：春天，是万物复苏的季节。中医学认为：肝脏与草木相似，草木在春季萌发、生长，肝脏在春季时功能也更活跃。因此，春季养生以养肝护肝为先。

饮食调理指导

❶ 初春仍有冬日余寒，可选吃韭菜、大蒜、洋葱、魔芋、大头菜、芥菜、香菜、生姜、葱等蔬菜，这类蔬菜均性温味辛，既可疏散风寒，又能抑杀潮湿环境下滋生的病菌。

❷ 适当吃些清热养肝的食物，如荞麦、薏米、荠菜、菠菜、空心菜、芹菜、菊花苗、莴笋、茄子、马蹄、黄瓜、蘑菇等。

❸ 肝血不足常感头晕、目涩、乏力者，可多吃桂圆、枸杞、猪肝等。

美味三鲜汤

原材料 鸡肉50克,豌豆50克,西红柿1个,鸡蛋清1个。

调味料 牛奶1大匙,淀粉1大匙,料酒、盐、味精、高汤、香油各适量。

做 法

① 鸡肉洗净,剁成泥,取少许淀粉用牛奶搅拌,与鸡蛋清放在一个碗内,搅成鸡肉泥待用。

② 西红柿洗净,用开水烫一下,去皮,切成丁;豌豆洗净备用。

③ 炒锅置火上,倒入高汤,放入盐、料酒烧开后,放入豌豆、西红柿丁,等再次烧开后改小火。

④ 把鸡肉泥用手挤成小丸子,下入锅内,再把火开大待汤煮沸,放入剩余淀粉,烧开后放味精、淋香油即可。

功效 在立春时节喝碗三鲜汤,能温中益气、补精填髓、清热除烦。

大葱猪骨汤

原材料 大葱2根,猪筒子骨2根,红枣10颗,姜3片。

调味料 盐适量。

功效 大葱含有丰富的维生素C,能舒张小血管,促进人体血液循环,可以发汗、祛痰、利尿,并能有效预防并治疗春季多发的感冒。

做 法

① 大葱剥去黄叶,洗净切段;红枣洗净去核;猪筒子骨洗净,入沸水中略微余烫,捞出洗去浮沫。

② 锅置火上,放水烧开,放入猪筒子骨、一半葱段、姜片与红枣,再次煮沸后转小火煮约1小时,放入另一半葱段与盐,小火煮熟即可。

薏米冬瓜瘦肉汤

原材料 冬瓜100克，薏米100克，猪瘦肉50克，葱花少许。

调味料 盐、鸡精、植物油各少许。

做　法

① 冬瓜（带皮）洗净，切块；猪瘦肉洗净，切成片。

② 将薏米、猪瘦肉放入锅中，加入适量清水，大火煮开后，转小火煮2小时。

③ 放入冬瓜煮20分钟，加入葱花、盐、鸡精和植物油调味即可。

功效 冬瓜有润肺止咳、清心安神、平喘消痰的作用；猪瘦肉有补益脾胃、养血安神等作用；薏米能补中益气、温脾暖胃。几种食物合用，可滋补肺肾、止咳、平喘、强壮身体、增强抵抗力，是春天养生的极好美食。

青红萝卜炖肉

原材料 猪腿精肉400克，青萝卜1根，胡萝卜200克，蜜枣4颗，陈皮1小块。

调味料 盐适量。

做　法

① 萝卜去皮、切角块；猪腿精肉洗净、切块；陈皮浸软、洗净。

② 瓦煲内放入清水与陈皮，大火煮沸，下全部原料，再沸时改用文火煲约3小时，下盐调味即可。

功效 这道汤的营养价值很高，富含铁和维生素，有利于防治春季过敏性哮喘病，且与生津开胃的陈皮一起熬出的汤味道鲜美，适于春季食欲不振者进行食疗。

雨水

每年的公历2月18日前后为雨水节气。因为这个时候冰雪开始融化，空气也开始变得湿润，雨水明显增多，所以叫雨水。

养生重点：雨水季节，天气变化无常，人的食欲也会受到影响，加上春季肝旺而脾弱，脾胃虚弱则容易滋生病菌。因此，雨水节气的养脾健脾很重要。

饮食调理指导

① 适量吃些甘味食物，能滋补脾胃。甘味的食物首推大枣和山药，其次还有大米、小米、糯米、豇豆、扁豆、黄豆、菠菜、胡萝卜、芋头、红薯、土豆、南瓜、黑木耳、香菇、桂圆等。

② 春季常见人们发生口腔炎、口角炎、舌炎等疾病，这些都与新鲜蔬菜吃得少所造成的营养失调有关。因此，春季到来，人们一定要多吃点新鲜蔬菜。

③ 少吃乌梅、酸梅等酸味食物。

韭菜鸭血汤

原材料　鸭血1块（约250克），菠菜和韭菜各适量，红椒丝少许。

调味料　盐适量，沙茶酱2大匙。

做　法

① 鸭血切除有泡沫部分，改刀切片，用开水汆烫后捞出；菠菜和韭菜分别洗净，切段。

② 将菠菜入沸水锅中汆烫一下，同鸭血一同放入锅中，煮熟，加盐调味。

③ 放入韭菜即熄火，加沙茶酱调味，撒上些许红椒丝即可。

功效　韭菜含丰富的锌元素，多吃可保暖健胃；菠菜属甘味食物，能滋补脾胃；而鸭血有补血和清热的作用，可防治缺铁性贫血。春季多食用此汤，可滋补脾胃、增强体力，还能益气补血。

姜丝鸭蛋汤

原材料　生姜50克，鸭蛋2个。

调味料　白酒1大匙。

功效　雨水时节，天气变化无常，人体容易感冒，而生姜有解表散寒的功效，鸭蛋则营养丰富。两者煮汤，能很好地防治初春感冒入侵。

做　法

① 生姜洗净去皮，切成丝，加水200毫升煮沸。

② 鸭蛋去壳打散，倒入生姜汤中，稍搅。

③ 加入白酒，煮沸即可。

香菇炖鸡

原材料　鸡1只，干香菇30克，葱段、姜片、红枣各适量。

调味料　高汤适量，盐、鸡精、料酒各少许。

做　法

① 鸡宰杀干净，放入沸水焯一下，捞出洗净；干香菇用温水泡开洗净。

② 坐锅点火，放入高汤、鸡，用大火烧开，撇去浮沫。

③ 加入料酒、盐、鸡精、葱段、姜片、香菇、红枣，用中火炖至鸡肉熟烂，出锅即可。

功效　鸡肉营养丰富，对肝肾亏虚、精血不足导致的头昏眼花、视力减退、须发早白、腰腿疲软等症有很好的疗效。早春食补重在养肝兼顾益脾和胃，温补阳气以御寒保健。

香菇木耳汤

原材料　香菇30克，木耳20克，白萝卜1根，鸡蛋1个。

调味料　盐、鸡精、白胡椒粉、香油各适量。

做　法

① 木耳、香菇泡发，白萝卜洗净备用，都切成丝。

② 所有材料放入砂锅内，加入适量的水煮熟，打入鸡蛋。

③ 放入适量的盐、鸡精、少许的白胡椒粉和香油调味，即可出锅。

功效　木耳性味甘平，是滋补肝肾的药食两用之品。春属木，与肝关系甚为密切。春季食用木耳，可以补肝肾不足。

惊蛰

雨水节气过后即是惊蛰。这个时候天气开始转暖，初响的春雷惊醒了蛰伏在泥土中冬眠的各种昆虫，各种花草树木也开始开枝散叶，所以叫惊蛰。

养生重点：惊蛰节气主要根据各自不同的体质进行饮食调养。

饮食调理指导

① 身体瘦弱的人可以多吃藕片、阿胶枣、山药、梨、葡萄、木耳等。

② 怕冷的人要多食壮阳食品，如羊肉、鸡肉等。

③ 气血亏虚、面色不好的人要多吃滋养气血的食物，如山楂、红糖、黑豆等。

④ 体内湿气重的人饮食宜清淡，常吃的食物可选海带、冬瓜、荷叶、山楂、赤小豆、扁豆、萝卜、枇杷叶等。

海带栗子排骨汤

原材料　干海带50克，鲜栗子100克，排骨300克。

调味料　盐适量，胡椒粉1小匙。

做　法

① 鲜栗子先用沸水煮3分钟，捞起去除表皮；海带泡水、洗净、打结；排骨用热水汆烫后洗净。

② 锅中加入适量清水煮开后，放入海带、栗子和排骨，煮开后转小火熬煮20分钟，放盐和胡椒粉调味即可。

功效　栗子味甘性温，含有淀粉、不饱和脂肪酸和多种维生素，具有益气补脾、保肠胃、补肾强筋、活血止血的作用，可以增强身体抵抗力，抵御春季易发的感冒。

 # 马蹄空心菜汤

原材料　空心菜300克，去皮马蹄10个。

调味料　盐1小匙。

功效　空心菜具有多种食疗功能，其粗纤维含量丰富，能促进胃肠蠕动，缓解便秘。空心菜属碱性食物，能降低肠道酸度，起到防癌的效用。另外，空心菜性凉，能抑制细菌，预防春季感染。

做　法

① 空心菜洗净，和马蹄一起放入汤锅内，加3碗清水煮沸。

② 再略煮约20秒钟，加盐调味即可盛起。

枸杞牛肉汤

原材料 牛肉250克,胡萝卜1根,土豆1
个,姜、枸杞、玉米淀粉各适量。

调味料 盐适量,番茄酱1勺。

做 法

① 牛肉洗净切块,用加了姜的水焯过;胡
萝卜、土豆去皮切块。

② 起热锅,加入少许油,3成热时放入牛
肉炒至变色。

③ 放入枸杞、番茄酱、胡萝卜块、土豆块
翻炒均匀。

④ 加入水,大火煮开,关小火慢煮1.5小
时,用玉米淀粉勾芡,加入盐调味即
可食用。

功效 春天人体各组织器官功能活跃,
需要大量的营养物质供给机体,
胡萝卜可以为机体提供丰富的胡
萝卜素、维生素和矿物质。

竹笋香菇汤

原材料 竹笋200克,鲜香菇4朵,荷兰豆
50克。

调味料 盐少许。

功效 春季是竹笋的时令季,多吃竹笋
可以清热祛痰、降火养虚。而竹
笋与香菇一同炖煮,尤其适合春
季上火的人食用。

做 法

① 竹笋去壳,放入锅中,加水煮去涩味,
捞出,切片;香菇洗净,去蒂,切薄
片备用;荷兰豆洗净备用。

② 将所有材料放入圆盅,加入调味料,倒
入热水至全满,以耐热的保鲜膜封口,
移入蒸笼中,大火蒸40分钟即可。

春分

　　每年的公历3月20日或21日是二十四节气中的春分。"分"是平分的意思。因这个时候正值昼夜平分，所以称为春分。

　　养生重点：由于春分节气平分了昼夜、寒暑，人们在保健养生时应注意平抑肝阳、滋阴补肾、健脾益气，使阴阳气血平衡。

饮食调理指导

❶ 饮食原则为：阴阳互补，如在烹调鱼、虾、蟹等寒性食物时，必佐以葱、姜、酒、醋类等温性调料，以防止本菜肴性寒偏凉；又如在食用韭菜、大蒜、木瓜等助阳类菜肴时，常配以蛋类等滋阴的食物。

❷ 春分时节，正是各种既具营养又有食疗作用的野菜上市的时候，如香椿、荠菜、马齿苋、鱼腥草、蕨菜、竹笋等，可适量选择食用。

红小豆煲南瓜

原材料 红小豆100克，老南瓜200克。

调味料 冰糖适量。

做 法

① 红小豆清洗干净，用清水浸泡半天，用炖盅盛好，放入高压锅中，煮至鸣响，停火放凉，取出备用。

② 老南瓜洗净，切成小块。

③ 将红小豆、南瓜一同放入砂锅中，加足量水，先用大火烧沸，再用小火煲1小时，加冰糖调味。

功效 红小豆性温，暖胃，适合在春分时节乍暖还寒的时候食用，与南瓜同食，对习惯性便秘也有很好的治疗功效。

鸡汤白菜

原材料 大白菜、鸡汤各适量，火腿片20克，皮蛋半个，姜3片，青、红椒丝适量。

调味料 八角1粒，盐1小匙，味精半小匙。

功效 此汤的白菜中含有鸡汤的鲜味，白菜中和着鸡汤的油腻，有清肺利咽、清热解毒、排毒养颜的功效。

做 法

① 取大白菜的叶子，切成大块，先放在开水里烫一下。

② 锅置火上，放油烧热，加入1粒八角炸一下，有香味后倒入鸡汤，汤不要太多，没过白菜即可。

③ 放入姜片煮，直到沸腾，放入白菜叶、火腿片、皮蛋，加盐和味精，煮至菜叶变软，起锅，将姜片拣出，倒入汤盆加青、红椒丝点缀即可。

韭菜虾仁汤

原材料 韭菜200克，虾仁100克，鸡蛋2
个，淀粉适量。

调味料 盐、香油各适量。

做 法

① 韭菜洗净，切成约5厘米长的段；虾仁
去虾线，用淀粉抓匀后用水冲干净。

② 鸡蛋打入碗里，搅匀；倒入虾仁、淀
粉、适量盐拌好待用。

③ 清水倒入锅里煮沸，放入适量油，倒入
虾仁蛋液，煮至刚熟，放入韭菜，待熟
后放适量盐和香油即可。

功效 虾仁营养丰富，且有补肾壮阳的
功效；韭菜含有丰富的锌元素，
有很好的健胃作用。此汤适合作
为春季滋补食疗之用。

大蒜豆腐鱼头汤

原材料 鲢鱼头500克，大蒜10瓣，豆腐
1块。

调味料 盐、味精适量。

功效 鲢鱼头的蛋白质含量很高，还含
有钙、铁、脂肪、维生素D，营养
物质的含量非常丰富。豆腐作为
食药兼备的食品，具有益气补虚
的作用，钙的含量也非常高。而
大蒜杀菌力比较强，对春天一些
常发疾病如感冒、腹泻、胃肠道
炎以及扁桃体炎等都有一定的作
用，还可以促进新陈代谢，增进
食欲，预防动脉硬化、高血压。

做 法

① 将大蒜去衣洗净；鱼头洗净。

② 豆腐、鱼头分别用油锅煎香，铲起。

③ 将煎香的豆腐、鱼头与大蒜一起放入锅
内，加清水适量。

④ 文火煲半小时，加入盐、味精调味即可。

清明

春分之后是清明，"清明"的含义是气候温和、草木萌发、杏桃开花，处处给人以清新明朗的感觉。

养生重点：清明节气的饮食主要以防治高血压和预防呼吸系统疾病为主。

饮食调理指导

❶ 清淡新鲜的蔬菜、水果如柑橘、白萝卜、芹菜、苦瓜和其他绿叶蔬菜以及果汁对心血管均有保护作用，可经常食用。

❷ 清明节气中，不宜食用"发"的食品，如笋、鸡等。可多食些益肝养肺的食品，如荠菜、菠菜、山药、淡菜等。

百合马蹄排骨汤

原材料 猪小排骨250克，马蹄10颗，新鲜
百合30克，杏仁5粒，姜2片。

调味料 盐适量。

做 法

① 新鲜百合洗净剥瓣；杏仁洗净；马蹄去
皮洗净；猪小排骨洗净，入沸水汆烫。

② 锅置火上，放水烧开，放入所有材料及
姜片熬煮至熟烂，加盐调味即可。

功效 排骨含有大量的蛋白质和矿物
质，营养非常丰富，加入具有清
热生津、化痰明目、利尿降压作
用的马蹄和润肺止咳的百合，可
去除体内湿气，对咳嗽、咽喉肿
痛、春困等症均有较好的食疗
效果。

夏枯草黑豆汤

原材料 黑豆50克，夏枯草30克。

调味料 白砂糖适量。

做 法

① 夏枯草除去杂质，快速洗净，控干水分。

② 黑豆除去杂质，洗净，用水浸泡半小时。

③ 将夏枯草、黑豆倒入锅内，加水3大碗。

④ 用小火煮约1小时后，捞除夏枯草，加白
砂糖，继续煮半小时，至黑豆酥烂，加上
白砂糖即可。

功效 夏枯草的功用是清肝明目、利尿
降压；黑豆可以养颜补肾。这道
汤可以补肾养肝，经常饮用，能
保持血压稳定。春季饮用可防肝
火旺。

🍲 菠菜洋葱猪骨汤

原材料 猪骨300克，洋葱1个，菠菜1小
把，枸杞少许。

调味料 盐适量，胡椒粉少许。

做 法

① 猪骨洗净，斩成大块，放入开水锅中氽
一下，撇去浮沫，改中火炖煮。

② 洋葱洗净，切成4大瓣，投入锅中与猪
骨同煮。枸杞洗净，投入锅中。菠菜择
洗干净，切段备用。

③ 40分钟后，将准备好的菠菜下入锅中，
开大火将菠菜烫熟。

④ 加胡椒粉、盐调味，即可出锅。

功效

春季上市的菠菜，对解毒、防春
燥颇有益处；枸杞性味甘平，是
滋补肝肾的药食两用之品。春属
木，与肝关系甚为密切。春季食
用枸杞，可以补肝肾不足。此
外，食用枸杞有降低血糖和胆固
醇、保护肝脏、促进肝细胞新生
等作用。

谷雨

每年的公历4月20日前后为谷雨节气。谷雨是春季的最后一个节气。这时田中的秧苗初插、作物新种,最需要雨水的滋润,所以将这个节气称为谷雨。

养生重点:谷雨节气以后是神经痛的发病期,饮食重点可放在调节情绪、缓解压力上。

饮食调理指导

❶ 多吃一些含维生素B较多的食物,对改善抑郁症状有明显的效果。维生素B含量丰富的食物有:小麦胚芽粉、标准面粉、标准粉面条、荞麦粉、莜麦面、大麦、小米、黄豆及其他豆类、葵花子、生花生仁、芝麻及瘦肉等。

❷ 多食用碱性食物有助于缓解人体的急躁情绪,容易动怒生气的人可以多吃一些西红柿、土豆、贝、虾、蟹、鱼、海带等食物。

🍲 排骨西红柿汤

原材料 排骨300克，西红柿1个，豆腐
1盒。

调味料 盐适量。

做 法

❶ 将排骨洗净，放入热水中氽烫一下。

❷ 把西红柿洗净，放入热水氽烫，捞起后剥
去外皮，切成块状；豆腐也切成块状。

❸ 锅中加入所有材料和6碗水，大火煮开
后，转小火煮约40分钟，最后加入盐调
味即可。

> **功效**
> 春季为肝气旺之时，肝气旺，则
> 会影响到脾。所以，春季容易出
> 现脾胃虚弱的病症，这道汤能疏
> 肝解郁，消除疲劳。

🍲 海带结炖肉

原材料 猪里脊肉200克，海带结100克，
嫩豆腐150克，葱、姜、淀粉各适
量，高汤1碗。

调味料 盐、香油各适量。

做 法

❶ 把海带结泡软，沥干水分；嫩豆腐切
丁；葱洗净，切末；姜洗净去皮，切丝
备用。

❷ 猪里脊肉洗净，切丝，放入碗中加入盐
和淀粉拌匀并腌10分钟备用。

❸ 汤锅中倒入高汤煮开，放入海带结、豆
腐及姜丝煮开，加入猪肉丝以及盐煮熟
熄火，淋入香油，撒上葱末即可。

> **功效**
> 海带含碘多，碘有助于甲状腺激
> 素的合成，而甲状腺激素有产热
> 效应，故春季乍暖还寒时常吃海
> 带有一定的御寒作用。

西红柿鸡蛋燕麦汤

原材料 西红柿1个，鸡蛋1个，嫩豆腐100克，速食燕麦30克。

调味料 盐适量。

功效 春天不少人容易患口角炎，这是因为缺乏维生素所致，这道汤维生素含量非常丰富，很适合春季食用。

做 法

① 鸡蛋打散，炒熟后盛出；西红柿切成小块，在锅里放一点油，炒2分钟，加少许盐。

② 锅里加适量的水，水开了以后，放入速食燕麦和豆腐。

③ 再下入炒好的鸡蛋和西红柿，煮2~3分钟后加盐调味即可。

 # 黄花菜猪肝汤

原材料 猪肝100克，菠菜200克，干黄花菜30克，枸杞5克，油、葱花、姜丝各适量。

调味料 盐适量。

做 法

① 将干黄花菜用温水浸泡20分钟左右，清洗2~3次，挤去水分，切段备用；菠菜去根，洗净切段。

② 猪肝洗净，切薄片，用开水焯去血水，然后用油、盐、姜丝腌好。

③ 坐锅上火，下黄花菜、枸杞及清水适量，武火煮沸后，再煮10分钟，下菠菜、猪肝煮沸后加入葱花、盐即可。

功效 春季为肝气旺之时，猪肝性味甘温，补血养肝，为食补养肝之佳品。

立夏

　　每年的公历5月5日前后是立夏，这个时候，"斗指东南，维为立夏"，万物至此皆长大，所以称为立夏。立夏表示即将告别春天，是夏天的开始。

　　养生重点：立夏后天气逐渐转热，植物生长到了茂盛期，从传统中医理论上讲，此时利于人体心脏的生理活动。因此，夏季养生以保养心脏为先。

饮食调理指导

❶ 可以多喝牛奶，多吃豆制品、鸡肉、瘦肉等，既能补充营养，又可达到强心的作用。

❷ 平时多吃蔬菜、水果及粗粮，可增加纤维素、维生素C和维生素B的供给，能起到预防动脉硬化的作用。

❸ 立夏后，天气逐渐转热，饮食宜清淡，应以易消化、富含维生素的食物为主，大鱼大肉和油腻辛辣的食物要少吃。

🍲 莲子香菇豆干汤

原材料　竹笋200克，鲜香菇4朵，豆干80
克，莲子20颗，荷兰豆50克，麦
冬、天门冬各少许。

调味料　盐和味精少许。

做　法

① 竹笋去壳，放入锅中加水煮去涩味，捞
出，切片；豆干洗净，切片；香菇洗
净，去蒂，切薄片备用。

② 将所有材料及药材放入圆盅，加入调味
料，倒入热水至全满，以耐热的保鲜膜封
口，移入蒸笼中，大火蒸40分钟即可。

功效　莲子可以健脾胃。夏季人们因吃
寒凉食品多而寒凉伤胃。所以，
夏天必须重视保护脾胃功能，
应常吃一些健脾胃的食物。

🍲 苹果蔬菜汤

原材料　菠菜200克，苹果2个，菜花50克，
胡萝卜半根，香菜少许，牛奶1杯。

调味料　盐适量。

功效　这道汤可以生津止渴、消暑解
热、去烦渴。

做　法

① 胡萝卜去皮、切丁待用；菜花洗净，切
小朵。

② 菠菜洗净、控水、切段，苹果去皮、切
丁，一同放入果汁机中，加牛奶搅打
成汁。

③ 将打好的果蔬汁放入锅中，再加入适量
的清水搅匀，放入菜花、胡萝卜丁和盐
煮至滚沸，点缀香菜即可。

鸡丝金针芦笋汤

原材料 芦笋罐头1罐，鸡胸肉200克，金针菇50克。

调味料 盐、水淀粉各适量，味精少许。

做 法

① 鸡胸肉切成丝状，用盐、水淀粉拌腌20分钟；芦笋沥干，切成长段；金针菇去根、洗净、沥干。

② 鸡胸肉先用开水烫熟，见肉丝散开则捞起沥干。

③ 将鸡肉丝、芦笋、金针菇一同放入锅中，加入适量清水，大火烧沸后，加入盐、味精，再沸时即可起锅。

功效 夏天能去火的蔬菜中，以芦笋效果最好，能去热解痛。

玉米萝卜汤

原材料 玉米300克，白萝卜100克，芹菜末10克。

调味料 盐、香油各少许。

功效 这道汤味浓而清香，适合各类人群食用，可降低血液胆固醇浓度并防止其沉积于血管壁，促进人体对维生素和钙的吸收。

做 法

① 玉米去须、洗净、切小段；白萝卜去皮、洗净，切滚刀块。

② 把玉米段、白萝卜块放入锅中，加适量清水，煮至白萝卜熟软呈半透明状。

③ 撒上芹菜末，放盐、香油搅拌均匀即可。

小满

小满时值公历5月21日前后。这个时节，大麦、冬小麦等夏收作物已经结果，籽粒渐见饱满，但还没有成熟，所以叫小满。

养生重点：小满节气中气温明显增高，雨量增多，天气比较闷热潮湿，正是皮肤病发作的季节。所以，饮食要以清淡利湿为主，预防皮肤病。

饮食调理指导

❶ 常吃具有清利湿热作用的食物，如赤小豆、薏米、绿豆、冬瓜、丝瓜、黄瓜、黄花菜、马蹄、黑木耳、藕、胡萝卜、西红柿、西瓜、山药、鲫鱼、草鱼、鸭肉等，有利于防治皮肤方面的疾病。

❷ 宜多食苦味食物。中医认为，凡有苦味的蔬菜，大多具有清热的作用，因此，夏季经常吃些苦菜、苦瓜等苦味食品，能起到解热祛暑、消除疲劳等作用。

苦瓜红椒皮蛋汤

原材料 苦瓜1条，皮蛋2个，香菜3根，红椒半个，老姜2片。

调味料 盐适量。

做 法

① 苦瓜洗净、去籽、切薄片，抹上少许盐腌一下，去除苦味再洗净。

② 皮蛋去壳，切成6~8片；香菜洗净，红椒切丁备用。

③ 汤锅内放入清水，放入苦瓜大火煮沸，加入皮蛋、老姜煮沸后加入香菜，汤汁一沸即可加盐调味，熄火，加上红椒丁，盛入汤碗即可。

功效 苦瓜虽苦，但吃了可以生津止渴、消暑解热、去烦渴。苦瓜富含维生素C，可以促进人体对铁的吸收利用。

冬瓜赤豆汤

原材料 冬瓜500克，赤豆30克。

调味料 盐少许。

做 法

① 将冬瓜去皮、洗净、切块；赤豆洗净，用清水浸泡半小时。

② 将冬瓜块、赤豆放入锅中，加入适量清水，煮汤。加少许盐食用。

功效 这道汤清热解毒、健脾益胃、利尿消肿、通气除烦。

🍲 莲藕瘦肉汤

原材料　莲藕200克，瘦肉200克，脊骨200克，生姜1片。

调味料　盐1小匙，鸡精半小匙。

做法

① 先将瘦肉、脊骨分别斩块洗净；莲藕洗净，切小段；生姜去皮切片。

② 砂锅中加入适量清水，烧沸，放入瘦肉、脊骨汆烫去血水，捞出冲凉待用。

③ 将所有材料放入锅中，加适量清水，煲2个小时后，加入盐、鸡精即可食用。

功效　莲藕味甘、性平，有消炎化瘀、清热解燥、止咳化痰的功效。瘦肉本身具有健脾养胃的效果，再配上养阴润肺的莲藕共同煨煮食用，具有清热生津、开胃健脾和益血等功效，很适合夏季食用。

🍲 豆芽豆腐汤

原材料　黄豆芽250克，北豆腐80克。

调味料　盐、大葱、鸡精各适量。

做法

① 黄豆芽洗净去根；豆腐入盐水烫一下后切块；葱洗净切葱花。

② 炒锅置火上，放油烧热，放入黄豆芽，炒出香味后加适量水，中火烧开。

③ 待黄豆芽酥烂时，放入豆腐，改小火慢炖10分钟，出锅前加入盐、鸡精，撒入葱花即可。

功效　豆芽具有祛风清热、解毒健脾的功效，与含蛋白质丰富的豆腐配食，非常适合夏季风疹肤痒的患者食用，是维护皮肤健康的经济实惠的汤品。

芒种

每年的公历6月5日左右是芒种节气。"芒"是指麦类等有芒作物成熟，并开始收割；"种"指谷黍作物的播种。就是说，芒种节气最适合播种有芒的谷类作物，如晚谷、黍、稷等。

养生重点：芒种节气，气温升高使人出汗较多，容易感觉口渴和燥热。所以芒种时节的饮食重点是要根据气候特征，吃一些清热凉血的食物。

饮食调理指导

❶ 饮食宜选择具有清热凉血功效的木耳；具有清热解毒功效的苦瓜；具有凉血散瘀功效的甲鱼；能够缓解口渴，及时补充体内水分的黄瓜、甜瓜等。

❷ 此时还要多食蔬菜、豆类、水果，如菠萝、苦瓜、西瓜、荔枝、杧果、绿豆、赤豆等。这些食物可供给人体所必需的营养物质，提高机体的抗病能力。

陈皮绿豆煲老鸭

原材料　老鸭半只，冬瓜500克，绿豆100
　　　　　克，陈皮1块，姜1片。
调味料　盐、胡椒粉各适量。
做　法

❶ 鸭可先切去一部分肥肉和皮，斩成大块
　焯水后，洗净，沥干，留用。

❷ 绿豆略浸软，冲洗，沥干；陈皮浸软，
　刮瓤，洗净；冬瓜连皮和籽洗净，切成
　大块，待用。

❸ 煮沸适量清水，放入以上所有材料，待再
　沸起，改用中小火煲至绿豆绵烂、材料熟
　软及汤浓，加入盐和胡椒粉调味即可。

功效　老鸭是夏天的清补佳品，民间亦
有"大暑老鸭胜补药"的说法。
炖老鸭时可加入清热解毒的绿豆
和行气健脾、燥湿化痰的陈皮，
能补虚损、消暑滋阳，实为夏日
滋补佳品。

 # 黄瓜木耳汤

原材料　黄瓜2根，干木耳10克。
调味料　酱油、香油、盐、味精各适量。
做　法

❶ 黄瓜削去外皮，切成片；木耳用温水泡
　发后，摘去硬蒂，洗净。

❷ 锅置火上，放油烧热，放入木耳略炒，
　加入清水和酱油烧开，然后倒入黄瓜
　片，当黄瓜煮熟时，加入盐、味精、香
　油调好味即可。

功效　木耳含丰富的纤维素、蛋白质和
钙、铁、磷等矿物质，具有清热
凉血的功效，配以清热、解渴、
利水的黄瓜，是芒种时节的最佳
食疗。

🍲 绿豆鸡蛋汤

原材料 绿豆100克，鸡蛋1个。
调味料 冰糖适量。

做 法

❶ 将绿豆洗净后，用清水浸泡1~2小时；鸡蛋磕入碗中，搅打成液。

❷ 将绿豆连同浸泡绿豆的水一同倒入锅中，锅置火上，加入适量冰糖，大火煮至绿豆开花、熟烂。

❸ 等绿豆煮好后倒入鸡蛋液，搅匀即可。

功效 绿豆性味甘凉，有清热解毒的功效。它清热降暑、止渴利尿，不仅能补充水分，还能及时补充无机盐，对维持水液电解质平衡有着重要的意义。

🍲 草菇丝瓜汤

原材料 干草菇20克，北豆腐100克，丝瓜1条，姜1片。

调味料 盐、味精、香油、胡椒粉、鸡精各适量。

功效 草菇丝瓜汤润燥滑肠、利水祛肿、凉血解毒，不仅是清热解毒食谱也是减肥食谱，具有美容养颜和防暑的功效。

做 法

❶ 干草菇洗净浸软，切去硬的部分，然后挤干水；豆腐切成薄片待用。

❷ 锅内加入适量清水，烧开，放入丝瓜焯至断生捞起，用冷水浸泡后沥干；豆腐放入焯过丝瓜的开水中焯3分钟，捞起沥干水；放入草菇煮4分钟，捞起冲洗干净，挤干水。

❸ 炒锅置火上，放油烧热，放入姜片爆香，加入适量清水，煮开，放入所有材料再煮开，略煮片刻至丝瓜熟透，加入盐、味精、香油、胡椒粉、鸡精等调味即可。

夏至

每年的公历6月21日或22日为夏至。"夏至"顾名思义是暑夏到来的意思，是全年白昼最长的一天。

养生重点：夏至后，气温会越来越高，人体消耗的能量也越来越多，且脾胃功能也在减弱。因此，这时的饮食养生重点就以养护脾胃为主，辅以益气养血。

饮食调理指导

① 天气炎热，因出汗多而最易丢失津液，可适当吃些酸味食物，如西红柿、柠檬、草莓、乌梅、葡萄、山楂、菠萝、杧果、猕猴桃之类。吃酸味食物还能健脾开胃。

② 夏季津液亏损较多，宜以祛暑生津为主，辅以滋阴益气。具有这类功效的常见食物有：菠菜、藕、茭白、西瓜、甜瓜、柠檬、苹果、葡萄、椰子、橙子、柚子、甘蔗、绿豆、西红柿、竹笋、黄瓜、胡萝卜、豆腐、鸡蛋、牛奶等。

苹果雪耳炖瘦肉

原材料 苹果1个，雪耳（银耳）半小朵，
瘦肉200克，胡萝卜1根。

调味料 盐少许。

做 法

① 雪耳浸泡至软，撕去蒂部的黄色部分，
再撕成大小适中的条块状。

② 打湿苹果，用适量盐揉搓片刻，洗净；
切成6瓣，去核。

③ 胡萝卜洗净，切块；瘦肉洗净，切块，
汆水捞起。

④ 锅内放入适量清水，煮沸，放入所有材
料，隔水炖2小时，加入少许盐调味即
可食用。

功效 苹果具有抑菌、解热、提高免疫力
等作用，与具有清热解毒功效的雪
耳熬汤，可缓解夏天的燥热感。

🍲 茅根鸭肉汤

原材料 鸭肉250克，冬瓜100克，新鲜茅根
100克，葱花1大匙，姜数片。

调味料 料酒1大匙，盐、味精各适量。

功效 鸭肉益气生津，冬瓜清热消暑。
天热了容易出汗，具清凉作用的
汤水可补充人体需要的营养和水
分，适用于体质虚弱、夏季食欲
较差的人。

做 法

① 鸭子宰杀、处理干净后斩小块；冬瓜
切块。

② 茅根加水煮20分钟左右，将料酒和鸭肉
块一同放入锅中，快熟时加入冬瓜块，
再加葱、姜以及盐、味精调味即可。

兔肉健脾汤

原材料 兔肉200克，淮山30克，枸杞15克，党参15克，黄芪15克，大枣30克。

调味料 盐、味精各适量。

做 法

① 将兔肉洗净，与其他所有材料以大火同煮，一直到煮沸。

② 改小火继续煎煮2小时，加入盐、味精调味，起锅装碗，汤、肉同食。

功效 我国夏季天气的主要特点是气温高、降水多，气候潮湿，空气湿度大，大气压偏低，这个季节对应的脏腑是脾，因此夏季祛湿和健脾是很重要的。这道汤能很好地帮助我们祛湿、健脾胃。

老鸭白果红枣汤

原材料 老鸭半只，白果50克，红枣5颗，姜片适量。

调味料 料酒、盐各适量。

做 法

① 将鸭子洗净、切块，放入水里焯去血水；红枣洗净，用温水泡一会儿。

② 白果用纸包着，放入微波炉里以中火加热1分钟左右，再剥壳取肉。

③ 将鸭子、红枣、白果放炖锅里，加清水，并放入适量料酒、姜片，大火煮开；转小火炖至鸭肉飘香，撒适量盐出锅即可。

功效 鸭肉性味甘而寒，是炎热夏季不可多得的滋补佳品。

小暑

每年的公历7月7日前后是小暑。"暑"是炎热的意思，因此时天气已经很热，但还没有达到极点，所以称作"小暑"。

养生重点：由于此时天气很热，人体内"火气"也较大，饮食养生则主要以平心静气、清热祛火为主。

饮食调理指导

❶ 适当吃一些凉性蔬菜，如苦瓜、丝瓜、黄瓜、西瓜、西红柿、茄子、芹菜、生菜等，有利于生津止渴、除烦解暑、清热泻火、排毒通便。

❷ 小暑时节最宜吃黄鳝，可以预防夏季因食物不消化引起的腹泻，还可以保护心血管。

❸ 小暑又是消化道疾病多发的时节，在饮食调节上要改变饮食不洁、饮食偏嗜的不良习惯，冷饮、冷食不宜过多，一切都应以适量为宜。

西瓜皮蛋花汤

原材料 西瓜皮300克，鸡蛋1个，西红柿1个。

调味料 盐、味精、香油各适量。

做 法

① 西瓜皮削去外层青皮，去掉内层红瓤，切成细条；鸡蛋打散；西红柿洗净切片。

② 汤锅加水，放入瓜条煮开，然后再依次下入西红柿片，淋入蛋液，加入盐、味精、香油调味即可。

 功效 西瓜皮性味甘寒，具有清热解暑、止渴除烦、利水泻火的功效。此汤能有效缓解小儿暑热烦渴、小便短赤、咽干喉痛、口舌生疮的症状。

鸭子汤

原材料 鸭1只，枸杞、生姜适量。

调味料 盐、葱花适量。

做 法

① 将活鸭宰杀后，去毛、内脏并洗净后将其斩成块状。

② 将鸭块置于锅中，加入适量清水和生姜、枸杞，炖熟后，加适量盐、葱花调味即可。

 功效 这道鸭子汤吃了能够排出体内废水，补阴生津，滋润皮肤，缓解唇部干裂情况，非常适合夏天食用。

🍲 三鲜鳝鱼汤

原材料 猪肉（肥瘦相间）150克，鳝鱼200克，黄瓜1根，鸡蛋1个，大葱1小段，姜2片。

调味料 高汤、盐、料酒、味精、水淀粉、香油各适量。

功效 黄鳝性温味甘，具有补中益气、补肝脾、除风湿等作用。小暑时节最宜吃黄鳝，加之此汤中还加入了营养丰富的猪肉和鸡蛋以及具有清热去火功效的黄瓜，是夏季食疗佳品。

做 法

① 将鳝鱼宰杀洗净，切丝，入沸水锅中余烫去血水；猪肉、黄瓜分别洗净，切成丝；葱、姜切丝。

② 鸡蛋磕入碗内拌匀，入油锅中摊成鸡蛋皮，取出切成丝。

③ 锅置火上，放油烧热，放入葱、姜丝炝锅，然后放入高汤烧沸，依次放入鳝鱼丝、猪肉丝、鸡蛋丝、黄瓜丝、料酒、盐、味精，待汤煮沸后，淋入水淀粉勾芡，起锅盛入汤碗内，淋入香油即可。

🍲 老黄瓜排骨汤

原材料 排骨50克，老黄瓜50克，姜片适量。
调味料 料酒、盐各适量。
做 法

① 排骨洗净，用沸水烫过，趁热冲洗掉血水；老黄瓜洗净，切块备用。

② 锅内加入清水、姜片、料酒和排骨，先大火煮开，然后转小火煲1.5小时。

③ 加入老黄瓜块，再煲1小时，放盐调好味即可。

功效 炎热的夏天多吃些黄瓜对身体特别有好处。黄瓜的含水量为96%~98%，为蔬菜中含水量最高的。它含有非常娇嫩的纤维素，这对促进肠道中腐败食物的排泄和降低胆固醇等方面均有一定作用。

大暑

每年的公历7月23日前后为大暑。大暑节气，是一年中最炎热的时候，也是华南地区一年中日照最多、气温最高的时期。

养生重点：由于天气极度炎热，人特别容易在这个时候中暑，所以这个时节防暑是重点。防暑的同时仍然要注意益气健脾。

饮食调理指导

① 大暑期间，应该多吃丝瓜、西蓝花和茄子等当季蔬菜；多吃一些清淡类的食物，如绿豆、百合、黄瓜、豆芽、鸭肉等；多吃一些补气清暑类的食物，如冬菇、紫菜、西瓜、西红柿等。

② 大暑天气酷热，出汗多，脾胃活动相对较差。宜多吃山药一类益气养阴的食品，可以促进消化，改善腰膝酸软，使人感到精力旺盛。

③ 大暑药粥进补，也是一种较好的养生方法，可以多吃绿豆粥、扁豆粥、莲子粥、薏米粥等，还可适当食用姜、葱、蒜、醋以杀菌防病、健脾开胃。

西瓜薏米汤

原材料　西瓜半个，薏米20克，眉豆100
　　　　　克，瘦肉200克，姜2片。
调味料　盐适量。
做　法

① 将所有原材料洗净；西瓜切块；瘦肉汆
　烫后再洗净。

② 锅内加入适量清水，放入所有原材料，
　煮沸后改小火煲2小时，最后加入盐调味
　即可。

功效　西瓜有消暑解毒、清理肠胃的功
效，配以健脾去湿的薏米，有利
于夏季防暑，且此汤味道清甜，
有去脂、健身的功效。

陈皮冬瓜汤

原材料　冬瓜250克，鲜香菇50克，陈皮25
　　　　　克，姜2片，高汤适量。
调味料　盐、白砂糖、味精、香油各适量。
做　法

① 冬瓜去皮，切成马蹄形，在沸水中稍
　煮，捞出、浸冷、沥干。

② 陈皮浸软，除去果皮瓤；香菇洗净、
　去蒂、浸软。

③ 用瓷锅盛香菇、冬瓜、陈皮、姜片，将
　高汤煮沸倒入锅内，盖上盖子，放入蒸
　笼蒸约1小时。

④ 加入盐、白砂糖、味精、香油调味，即
　可出锅。

功效　这道汤开胃、消食、祛湿，很适
合夏季食用。

🍲 绿豆南瓜汤

原材料 绿豆50克，老南瓜300克。
调味料 盐少许。

> **功效** 绿豆甘凉、清暑、解毒、利尿，配以南瓜生津益气，是夏季防暑的最佳膳食。

做 法

1. 绿豆用清水洗净，趁水汽未干时加入食盐少许（3克左右）搅拌均匀，腌制几分钟后，用清水冲洗干净。
2. 南瓜去皮、瓤，用清水洗净，切成2厘米见方的块待用。
3. 锅内加水500毫升，烧开后，先下绿豆煮沸2分钟，再加入少许凉水，再煮沸，放入南瓜，盖上锅盖，用小火煮沸约30分钟，至绿豆开花，加入少许盐调味即可。

🍲 鲜蘑豆腐汤

原材料 嫩豆腐150克，鲜蘑菇100克，葱花1大匙。
调味料 香油、盐、味精、素汤各适量。
做 法

1. 豆腐洗净，用沸水烫过后，切成小薄片；鲜蘑菇洗净，切成丁。
2. 锅架火上，放油烧至6成热，下一半葱花爆出香味后，加入蘑菇丁煸炒几下。
3. 倒入素汤，烧开后，下入豆腐片和盐，再烧开，放入味精，撒上另一半葱花，淋上香油盛入碗内。

> **功效** 春夏肝火比较旺，应少吃酸辣，多吃甘味食物来滋补，豆腐就是不错的选择。它味甘性凉，具有益气和中、生津润燥、清热下火的功效。

立秋

大暑之后，时序到了立秋，一般在每年的公历8月7日前后。从季节意义上来说，立秋即表示从这一天起秋天开始了。

养生重点：中医认为立秋的养生要诀是护阳养心防暑湿。

饮食调理指导

① 宜多食豆类食品，如红豆、绿豆、眉豆、赤小豆、扁豆等，豆类食品具有健脾利湿的功能，正合此节气之用。还有一些如小麦、黑米、莲子等都是对此节气养生十分有益的食品。

② 经过一个长夏后，人们的身体消耗都很大，许多食品如鸭肉、泥鳅、西洋参、鱼、猪瘦肉、海产品、豆制品等，既有清暑热又有补益的作用，可以放心食用。

③ 多吃一些新鲜水果蔬菜，既可满足人体所需要的营养，又可补充经排汗而流失的钾。

苦瓜炖排骨

原材料　排骨500克，苦瓜1条。
调味料　料酒1大匙，盐1小匙。
做　法

1. 排骨洗净，入沸水余烫去除血水后，放入炖盅内，加入清水、料酒，先蒸20分钟。
2. 苦瓜洗净剖开、去籽、切大块，放入装有排骨的炖盅内再蒸20分钟。
3. 加入盐调味，待熟软时盛出食用。

功效　排骨有滋补强体、补心安神、养血壮阳、益脾开胃的功效；苦瓜健脾利湿，具有益气养心防暑湿的功效，是初秋时节的食疗佳品。

绿豆薏米鸭汤

原材料　鸭腿2只，薏米、绿豆各25克，陈皮少量。
调味料　盐少许。

功效　鸭肉性寒，除可大补虚劳、滋阴养胃外，还可消毒热、利小便、退疮疖。因此，秋初吃老鸭最有滋阴清热、利水消肿的作用。

做　法

1. 鸭腿用水余烫，冲洗干净；薏米、绿豆、陈皮淘洗干净。
2. 将余烫过的鸭腿和薏米、绿豆、陈皮一起放入砂锅中，加足量水。
3. 大火煮20分钟，撇去浮油，小火煮2小时。
4. 出锅前加少许盐调味即可。

川贝雪梨猪肺汤

原材料 猪肺120克，雪梨1个，川贝母
10克。

调味料 盐适量。

做 法

① 猪肺洗净切片，放入开水中煮5分钟，
再用冷水洗净。

② 将川贝母洗净打碎；雪梨连皮洗净，去
蒂和梨核，梨肉连皮切小块。

③ 锅内烧水，待水开之后将所有原材料放
入，小火煮2小时。

④ 加入适量盐调味即可。

功效 燥是秋季的主气，肺易被燥所
伤，这道汤润肺生津，秋天一个
星期可以吃上两次，很有好处。

 # 苦瓜黑鱼汤

原材料 黑鱼1条，苦瓜1条，葱、姜适量。

调味料 盐、料酒、胡椒粉各适量。

做 法

① 将黑鱼去五脏洗净，鱼腹中放入葱、
姜，加适量料酒腌制待用；苦瓜去籽、
洗净，切成片。

② 锅中放油，下黑鱼略煎，加入适量的
水，下入苦瓜同煮。

③ 待鱼肉煮熟后下入盐、胡椒粉调味即可。

功效 入秋之后，尽管昼夜温差变大，
但是白天有时仍然很热，特别是
秋后久晴无雨时，暑气更加逼
人，民间素有"秋老虎"之说。
苦瓜消暑解热，可以降伏"秋
老虎"。

处暑

每年的公历8月23日前后为处暑。"处"含有躲藏、终止的意思，顾名思义，处暑即表示暑天宣告结束。

养生重点：中医提出"春夏养阳，秋冬养阴"。此节气的显著气候特征为干燥，所以饮食养生应以滋阴润燥为主。

饮食调理指导

① 宜多食清燥滋阴的食品，如银耳、百合、梨、莲藕、蜂蜜、海带、马蹄、芹菜、菠菜、芝麻、豆类及奶制品等。

② 多食些酸甘食品和水果，如石榴、葡萄、杧果、苹果、柚子、柠檬、山楂等，有利于润燥护阴。

③ 避免食用姜、蒜、辣椒等辛辣、易生内热的食物。

玉米南瓜炖排骨

原材料　肋排500克，玉米1根，老南瓜200克，姜3片。

调味料　盐、味精、酱油、料酒、白砂糖、醋各适量。

做　法

① 南瓜去瓤去皮，切成小块；玉米棒子先切成圆片，再剁成两片。

② 肋排用水冲洗干净，入沸水锅汆烫，捞出沥干待用。

③ 炒锅置火上，放油烧热，放入适量调味料（除味精外），至冒泡黏稠，放入烫好的排骨，翻炒5分钟至外皮均匀上色，然后加入2至3倍的热水，盖上盖子以小火炖煮。

④ 大约50分钟后，放入玉米和南瓜，继续炖煮15分钟，至排骨酥烂、玉米香熟、南瓜变成糊状，开盖收汤汁，最后撒上适量味精即可。

功效　南瓜含有糖、蛋白质、纤维素、维生素以及矿物盐如钙、钾、磷等多种营养成分。秋天气候干燥，多吃含有丰富维生素的食品，可增强机体免疫力，对改善秋燥症状大有裨益。

绿豆芽枙果黄瓜汤

原材料　绿豆芽200克，枙果1个，黄瓜1根，生姜1块。

调味料　盐少许。

功效　枙果有益胃止呕、生津解渴等功效，吃枙果可解秋燥。

做　法

① 绿豆芽洗净，沥干水；枙果去皮、去核，再将果肉切成条状备用。

② 黄瓜用清水洗净，切开边，去瓜瓤，切成片状；生姜洗净，刮去姜皮，切片。

③ 瓦煲内加入适量清水，先用大火煲至水开，然后放入绿豆芽、黄瓜和生姜，煮沸片刻，再放入枙果肉，稍煮沸，以少许盐调味即可。

银耳鱼尾汤

原材料 草鱼尾200克，干银耳1朵，干黄花菜30克，姜4片。

调味料 盐、料酒各适量。

做 法

① 将草鱼尾去鳞，洗净；干银耳、干黄花菜洗净，用温水泡软，银耳去蒂，切小片。

② 锅置火上，放油烧热，放入草鱼尾，煎至两面微黄，盛出备用。

③ 锅内加入适量清水，放入草鱼尾、银耳、黄花菜、姜片、料酒，大火煮开。

④ 改小火煲约1小时，加入盐调味即可。

功效 燥是秋季的主气，肺易被燥所伤，进补应注意润补平补。这道汤养阴、生津、润肺、补气，很适合秋季进补。

 # 百合麦冬汤

原材料 百合30克，麦冬15克，猪瘦肉50克，葱花少许。

调味料 盐适量。

做 法

① 将百合、麦冬、猪瘦肉分别洗净，百合掰成瓣，猪瘦肉切小块。

② 锅置火上，加入适量清水，放入百合、麦冬、猪肉丁，用小火炖至熟烂。

③ 加入适量盐调味，最后撒上葱花即可。喝汤食肉。

功效 百合是一种非常理想的解秋燥、滋阴润肺的佳品。其质地肥厚，醇甜清香，甘美爽口，且性平、味甘微苦，有润肺止咳、清心安神之功，对肺热干咳、痰中带血、肺弱气虚、肺结核咯血等症，都有良好的疗效。

白露

　　每年的公历9月8日前后为白露节气。因为这个时候气温渐渐转凉，夜来草木上可见到露水，所以称为白露。

　　养生重点：在白露节气中要避免鼻腔疾病、哮喘病和支气管病的发生，饮食养生以生津润肺为主。

饮食调理指导

❶ 宜多吃些生津养肺的食物和水果，如雪梨、甘蔗、柿子、马蹄、银耳、菠萝、燕窝、猪肺、蜂蜜、乌鸡、鳖肉、龟肉、鸭蛋等。

❷ 吸烟者秋季除要多吃养肺的食物外，还需经常吃一些富含维生素的食物，如牛奶、胡萝卜、花生、玉米面、豆芽、白菜、植物油等，以补充维生素。

沙参玉竹煲老鸭

原材料 老鸭1只，沙参20克，玉竹20克，生姜、葱白各适量。

调味料 料酒、盐各适量。

做 法

① 鸭子去毛和内脏，洗净；把沙参、玉竹用纱布包好，放鸭腹内。

② 将鸭子置于砂锅中，加入清水、料酒、生姜、葱白。

③ 用大火烧开，去除浮沫，再改用小火焖煮1~2小时即可。

功效 鸭肉具有滋阴养胃、清肺补血的功效，是特别适合秋季养生的食物，尤其适合体热、易上火的人食用。

 # 牛奶杏仁炖银耳

原材料 脱脂牛奶1杯，杏仁20克，银耳10克。

做 法

① 将杏仁洗净，加水炖10分钟；将银耳用水泡发。

② 将杏仁、银耳加脱脂牛奶，倒入锅中，再加适量清水，煮10分钟即可。

功效 秋天天气比较干燥，无论是体内还是皮肤都需要滋润，这道汤羹能润肺滋阴、养胃生津，对秋天容易出现的虚劳咳嗽、虚热口渴等有一定的疗效。

马蹄黄豆冬瓜汤

原材料 冬瓜500克，瘦肉150克，黄豆100克，马蹄10个，白果50克。

调味料 盐适量。

做 法

① 马蹄去皮；冬瓜切厚片；白果去壳，入沸水浸片刻，去衣和芯。

② 瘦肉洗净，入沸水中汆烫后再洗净切块。

③ 锅中加入适量清水，煮沸，放入所有材料再次煮沸后改小火煲2小时，最后放入盐调味即可。

功效 白果学名银杏，富含淀粉、蛋白质、糖、脂肪等，具有敛肺定咳、燥湿止带、益肾固精等功效；黄豆含大量蛋白质和丰富的钙质，与营养丰富的瘦肉搭配煲汤，养胃又润肺。

秋分

每年的公历9月23日前后是我国二十四节气中的秋分。秋分和春分一样，为秋季昼夜平分之时。从这一天起，开始昼短夜长。

养生重点：因为秋分作为昼夜时间相等的节气，所以人们在养生中也应本着阴阳平衡的规律，使机体保持"阴平阳秘"的原则。

饮食调理指导

❶ 宜多吃一些清润、温润的食物，如芝麻、核桃、糯米、蜂蜜、乳品、雪梨、甘蔗等，可以起到滋阴、润肺、养血的作用。

❷ 饮食宜丰富均衡，除了要多吃生津润燥的食物，还要多吃具有健脾养胃、调补心肝作用的食物，如百合、银耳、核桃、山药、芝麻、太子参、板栗、小米、秋梨、萝卜等，以保持机体阴阳平衡。

双黑泥鳅汤

原材料 泥鳅250克，黑芝麻30克，黑豆30克，枸杞适量。

调味料 味精、盐各适量。

做 法

① 黑豆、黑芝麻、枸杞洗净备用。

② 泥鳅放冷水锅内，加盖，加热烫熟，然后取出，洗净，沥干水分后下油锅稍煎黄，铲起备用。

③ 把全部用料放入锅内，加适量清水，大火煮沸后，再用小火续炖至黑豆烂熟，加入盐、味精调味即可。

功效 芝麻含有维生素E和芝麻素，能防止细胞老化，还含有非常丰富的钙质，搭配黑豆、泥鳅煲汤，不但可以有效地预防骨质疏松，还能滋补脾胃，营养美味，老少皆宜。

百合炖雪梨

原材料 雪梨2个，百合（干）20克。

调味料 冰糖适量。

做 法

① 百合用清水浸30分钟，放到沸水中煮3分钟，取出沥干水。

② 将冰糖放入锅中，加适量清水，小火煮10分钟至沸腾；雪梨去核，洗净连皮切片。

③ 把雪梨、百合、冰糖水放入锅中，用小火炖约1小时即可。

功效 百合、雪梨养阴生津、清热去燥，很适合秋季进补养生。

莲子百合炖肉

原材料　猪瘦肉100克，莲子（去芯）50克，百合20克。

调味料　盐适量。

做　法

① 瘦肉洗净切块，入开水氽汤捞出。

② 煲内加适量的水，放入瘦肉、莲子、百合同煮。

③ 待肉熟烂后加盐调味即可。

> **功效**　秋季天高气爽，空气中水分减少，此时人们易出现咽干鼻燥、唇干口渴等"秋燥"现象。百合性微寒味甘，能生津止渴、润燥化痰、润肠通便。

寒露

秋分过后就是寒露，在每年的公历10月8日前后。由于这个时候，气候开始变得寒冷，以至于夜里的露水都开始凝结，所以称为寒露。

养生重点：到了秋天，天气转凉，人们的味觉增强，食欲大振，饮食会不知不觉地过量，所以这时要特别注意节制饮食。

饮食调理指导

❶ 可适当多吃一些低热量的减肥食品，如赤小豆、萝卜、竹笋、薏米、海带、蘑菇等。

❷ 晚秋时节，心肌梗死的发病率明显提高。此时应注意多摄入含蛋白质、镁、钙丰富的食物，可预防心脑血管疾病的发生。

❸ 防止进食过饱，晚餐以八成饱为宜，晨起喝杯白开水，以冲淡血液；日间多喝淡茶，对心脏有保护作用。

冬瓜鱼尾汤

原材料 冬瓜500克，金针菇100克，胡萝卜200克，鱼尾1条，姜2片。

调味料 盐、味精各适量。

做 法

① 所有原材料洗净，冬瓜切厚片；胡萝卜去皮切块；鱼尾洗净，去鳞。

② 锅置火上，放油烧热，放入姜片爆香，再放入鱼尾略煎。

③ 另取锅，加入适量清水，放入所有材料（包括鱼尾），大火烧沸后改小火煲2小时，放入盐和味精调味即可。

功效 冬瓜含丰富的蛋白质、碳水化合物、钙、磷、铁及多种维生素，特别是维生素C的含量较高，可增强人体抗病能力。此外，冬瓜还含有丙醇二酸，对防止人体发胖有很好的作用。

木耳炖豆腐

原材料 水发木耳50克，豆腐200克，葱、姜各适量。

调味料 盐、鸡精各适量。

功效 天一转凉，有些人就开始猛吃牛羊肉，想要补充体力，提高抵抗力，不料吃得口干舌燥、便秘难耐，这时候，来一道木耳炖豆腐，是很有好处的。

做 法

① 木耳洗净，撕片；豆腐洗净，切片。

② 锅置火上，放油烧热，放入葱、姜爆香，加入适量清水，放入木耳和豆腐，加入盐，用小火炖至豆腐入味，再加入少许鸡精即可。

鱼片鸡蛋葱花汤

原材料 鱼肉100克，葱1根，鸡蛋2个。
调味料 高汤4杯，盐和香油各适量。

做 法

① 鱼肉洗净切片；葱洗净切葱花；鸡蛋打散备用。

② 锅中倒入高汤煮开，放入鱼片，再倒入蛋液调匀，煮沸，加盐调味，再撒上葱花，淋上香油即可。

功效 秋冬季节应注意补阳抗寒、增强活力，不过进补也应适度，可适量吃鱼，因为鱼肉高蛋白、低脂肪，含有大量不饱和脂肪酸，对预防心脑血管疾病有益。

南北杏丝瓜汤

原材料 丝瓜1条，排骨500克，南北杏20克，姜2片。
调味料 盐适量。

做 法

① 排骨洗净切块，氽水捞起；丝瓜削去硬棱，洗净，切段；南北杏洗净。

② 锅中煮沸清水，放入所有材料，大火煮沸，转中小火煲1.5小时，下盐即可食用。

功效 这道汤不仅可以润秋燥，还可增强人体的生物活性，促进人体内的新陈代谢，有助于食物中的各种营养素的吸收和利用。

霜降

霜降是秋天的最后一个节气,从每年的公历10月23日或24日开始。此时天气渐冷,开始降霜。

养生重点:霜降之后,气温降低,饮食调理上强调平补,也就是"不凉不热",具体来说就是要多吃些"性较和平、补而不燥、健脾养血"的食物。

饮食调理指导

① 可多吃健脾、养阴、润燥的食物,如萝卜、栗子、秋梨、百合、蜂蜜、山药、红薯、土豆、奶白菜、牛肉、鸡肉、泥鳅等都不错。

② 宜多吃具有滋阴生津、调补肝肾、健脾养胃功效的食物,如鸡肉、鸡肝、猪肝、鲤鱼,桑葚、马蹄、太子参、玉竹等。

③ 多吃霜降时令的最佳水果:苹果、大枣、山楂。

燕窝梨汤

原材料 燕窝5克，雪梨2个，川贝母10克。
调味料 冰糖适量。

做 法
① 燕窝浸泡洗净，川贝母洗净。
② 雪梨洗净，从上半部三分之一处切成两半，用勺子挖去梨核，制作成梨盅。
③ 将燕窝、川贝母、冰糖放入梨盅，加适量的水，将梨盖盖好，用牙签扎紧放碗中，隔水炖熟即可。

功效 梨肉香甜可口、肥嫩多汁，有清热解毒、润肺生津、止咳化痰等功效，生食、榨汁、炖煮或熬膏均可，对肺热咳嗽、麻疹及老年咳嗽、支气管炎等症有较好的治疗效果。与燕窝、川贝煲汤，是秋季养生保健的最佳食品。

蚕豆百合鲤鱼汤

原材料 鲜活鲤鱼1条，新鲜蚕豆50克，百合100克，枸杞、姜片和香菜叶各适量。
调味料 料酒、盐、鸡精、胡椒粉、水淀粉各适量，蛋清1个。

功效 鲤鱼开胃健脾；百合滋阴润肺；蚕豆健脾利湿。将这几种食物合理搭配，不但营养丰富、口味鲜香，而且具有滋阴润肺、养心安神、清肺祛火与滋补肝、肾、肺等功效。

做 法
① 将宰杀洗净的鱼去骨，鱼肉切成片状，然后用蛋清、盐、水淀粉、鸡精、料酒腌制入味，鱼头和鱼骨切块待用。
② 蚕豆、百合洗净，枸杞用温水浸泡待用。
③ 炒锅置火上，放油烧热，放入生姜略爆，放入鱼头、鱼骨块两面稍煎。
④ 加入百合、蚕豆和水，用大火煮至汤色乳白时调味，然后加入鱼片、枸杞稍煮，待鱼片熟后放入胡椒粉、香菜叶，起锅，盛入汤盆即可。

🍲 鹌鹑百合汤

原材料 鹌鹑1只，百合25克，生姜1块，葱适量。

调味料 盐适量。

做 法

① 将鹌鹑宰杀后去毛、脚爪、内脏，洗净，放入开水中焯一下，捞出切块。

② 将百合掰成瓣，洗净，备用。

③ 将姜、葱洗净，姜拍破，葱切段。

④ 锅置于旺火上，倒入适量清水，放入鹌鹑，烧开，下百合、姜块、葱段，改用小火炖至鹌鹑熟时，加入盐焖数分钟，盛入汤碗即可食用。

功效 鹌鹑有补五脏、益肝清肺、清热利湿、消积止泻等功效；百合有润肺止咳、养阴清热、清心安神等功效，二者同食，对肺部养护十分有益。

🍲 红枣莲子汤

原材料 莲子50克，赤小豆80克，红枣10颗。

调味料 红糖适量。

做 法

① 用清水将莲子和赤小豆浸泡4小时，淘去泥沙杂质洗净。

② 将浸泡洗净后的赤小豆、莲子放入锅中，加入足够清水，旺火烧沸后，转小火慢慢焖煮1小时。

③ 加入洗净后的红枣继续慢火焖煮半小时；煮至赤小豆、莲子酥透后，加入红糖调和即成。

功效 红枣能养胃和脾、益气生津，有润心肺、调营卫、滋脾土、补五脏、疗肠癖、治虚损等功效。秋食红枣，有滋阴润燥、益肺补气的作用，与莲子、赤小豆共同煨食，效果更好。

立冬

每年的公历11月7日或8日为立冬，是冬季的第一个节气。立冬意味着冬季的来临，但是真正意义上的冬季，并非都以"立冬"为准，而是以连续几天气温低于10℃为冬季。

养生重点：民谚讲"冬季进补，上山打虎"，中医也认为冬季是饮食进补的最好季节。所以，进入冬季人们饮食养生的重点应以进补为先。

饮食调理指导

① 冬天进补首先应以增加热能为主，可适当多吃瘦肉、鸡蛋、鱼类、乳类、豆类及富含碳水化合物和脂肪类的食物。

② 我国的北方地区冬季天气寒冷，进补宜以大温大热之品为主，如牛、羊肉等；而长江以南地区虽已入冬，但气温要温和得多，进补应以清补甘温之味为主，如鸡、鸭、鱼类等。

③ 冬季是蔬菜的淡季，人体容易出现维生素不足，所以要注意多吃冬季上市的蔬菜，如白菜、圆白菜、心里美萝卜、白萝卜、胡萝卜、黄豆芽、绿豆芽、油菜等。

🍲 胡萝卜炖羊肉

原材料　鲜羊肉500克，胡萝卜2根，葱和姜各适量。

调味料　料酒、盐、味精、香油各适量。

做　法

① 胡萝卜与羊肉洗净沥干，分别切块备用。

② 将羊肉放入开水锅中氽烫，捞起沥干。

③ 锅置火上，放油烧热，放入羊肉大火快炒至颜色转白，然后放入胡萝卜、水及其他调味料（除香油外），一起放入锅内用大火煮开。

④ 改小火煮约1小时后熄火，加入香油即可起锅。

功效　羊肉含有较高的蛋白质和丰富的维生素，肉质细嫩，容易被消化，多吃羊肉可以提高抗疾病能力。羊肉汤属热性，可以温胃御寒，在严寒的冬季喝能暖胃养身。

🍲 冬笋鲫鱼汤

原材料　冬笋100克，鲫鱼1条，生姜片适量。

调味料　料酒1大匙，盐、味精各适量。

功效　鲫鱼含动物蛋白和不饱和脂肪酸，既能开胃健脾、生津补虚、温中下气、利水消肿，又能治胃肠道出血和呕吐反胃。常吃鲫鱼不仅能强身健体，还有助于降血压和降血脂，使人延年益寿。

做　法

① 冬笋去皮洗净后切成长丝，然后用沸水煮一下，以除去涩味。

② 鲫鱼除去鳞、内脏后洗净。

③ 锅置火上，放油烧热，放入鲫鱼，两面煎至皮微黄，烹入料酒，加入清水及笋丝、生姜片烧开后，略焖煮一会儿，加入盐、味精调味即可。

🍲 灵芝鹌鹑蛋汤

原材料 鹌鹑蛋12个，灵芝60克，红枣
　　　　10颗。

调味料 白砂糖适量。

做 法

1️⃣ 将灵芝洗净，切成细块；红枣去核洗
净；鹌鹑蛋煮熟，去壳。

2️⃣ 把全部用料放入锅内，加适量清水，大
火煮沸后，用小火煲至灵芝出味，加白
砂糖适量，再煲沸即可。

> **功效** 鹌鹑蛋含有较高的蛋白质、脑磷
> 脂、卵磷脂、铁和维生素等，可
> 以用于冬季进补。

🍲 豆芽青椒丝汤

原材料 干黄花菜30克，黄豆芽200克，青
　　　　椒150克，木耳100克。

调味料 盐适量。

做 法

1️⃣ 将干黄花菜用清水泡发；黄豆芽洗净；
青椒洗净切丝；木耳洗净切丝。

2️⃣ 将所有材料放入锅中，加4~5碗水煮
熟，起锅前加盐调味即可。

> **功效** 冬季多吃些黄豆芽可以有效地防
> 治维生素B_2缺乏症，还可以有效
> 预防冬季干燥导致的嘴唇干裂、
> 唇角炎。黄豆芽中所含的维生素
> E能保护皮肤和毛细血管，防止
> 小动脉硬化，防治老年高血压。

小雪

每年的公历11月22日或23日为小雪节气。此时因气温急剧下降，降水便由液态雨变为固态雪，但因还没到大雪纷飞的时节，所以称为小雪。

养生重点：小雪期间的饮食应遵照"寒则温之、虚则补之"的原则，食养应以助阳益肾、健脑活血、心静怡神为主。

饮食调理指导

1 小雪节气，要多食保护心脑血管的食品，如丹参、山楂、黑木耳、西红柿、芹菜、红心萝卜等。适宜吃降血脂食品，如苦瓜、玉米、荞麦、胡萝卜等。

2 宜选择温补性食物和益肾食品。温补性食物有羊肉、牛肉、鸡肉、狗肉、鹿茸等；益肾食品有腰果、芡实、山药熬粥、栗子炖肉、白果炖鸡、大骨头汤、核桃等。

3 适量多吃黑色食品，如黑木耳、黑芝麻、黑豆等。

木瓜羊肉鲜汤

原材料　木瓜1个，羊肉200克，青菜50克，生姜1小块。

调味料　高汤、盐各适量，料酒、胡椒粉各少许。

做　法

① 将木瓜去皮去籽切块，羊肉切薄片后用料酒、胡椒粉抓腌好，生姜去皮切丝，青菜洗净。

② 锅置火上，放油烧热，放入姜丝炝香锅，加入适量高汤，用中火烧开，放入木瓜、羊肉，滚至8成熟。

③ 再加入青菜，调入盐，用中火煮透入味盛出即可。

功效　木瓜性温味酸，具有平肝和胃、降血压的功效。羊肉性味甘温，有助元阳、补经血的功效。木瓜羊肉汤能够养血补精、益气补虚，最适合冬季养胃暖身，尤其适合体寒女性食用。

黄豆鱼头汤

原材料　鱼头1个，黄豆适量，枸杞少许，葱1根，生姜1块。

调味料　高汤、盐各适量，胡椒粉、料酒各少许。

功效　冬季是进补的好时节，豆类食品是冬天补脾益胃的最佳食材选择。从中医角度来看，豆类食品有化湿补脾的共性，尤其适合脾胃虚弱的人食用。

做　法

① 鱼头去鳃；葱洗净，切段；生姜去皮切片。

② 锅置火上，放油烧热。放入鱼头，用中火煎至稍黄，铲起待用。

③ 把鱼头、黄豆、枸杞、姜片、葱段放入瓦煲内，加入高汤、料酒、胡椒粉，加盖，用小火煲50分钟后，去掉葱，加入盐，再煲10分钟即可食用。

白萝卜炖牛腩

原材料 白萝卜400克，牛腩300克，姜2片。

调味料 盐2小匙，八角2粒，味精、胡椒粉
各少许。

做 法

① 牛腩切成块，用水冲净血污；白萝卜洗
净切块；姜洗净。将白萝卜、牛腩分别
放入沸水中余烫一下，捞出备用。

> **功效** 萝卜中含有大量的铁，对治疗贫血
> 有很大作用；牛腩可以补中益气、
> 滋养脾胃。这道菜营养丰富、美味
> 可口，是冬天的补益佳品。

 # 罗宋汤

原材料 牛肉150克，圆白菜100克，红薯
120克，洋葱1个，胡萝卜80克，西
红柿1个。

调味料 盐、味精各适量。

做 法

① 所有材料洗净；红薯、胡萝卜分别去
皮、切大块；牛肉切大块，余烫后捞出
备用；洋葱、西红柿对切；圆白菜用手
剥成大块。

② 起锅，倒入适量水，将所有材料一起放
入锅中焖煮至牛肉熟烂，加盐、味精拌
匀即可。

> **功效** 牛肉富含蛋白质，氨基酸组成比
> 猪肉更接近人体需要，能提高机
> 体抗病能力，是冬天的补益佳
> 品。寒冬食牛肉可暖胃。

② 将牛腩、姜片、八角放入炖盅内，加入
水，放在火上烧沸。

③ 撇去表面浮沫，盖好盖子，用小火炖2
小时左右。

④ 至牛腩七八成熟时，揭去盖子，加入白
萝卜块，再盖好盖子继续用小火炖1小时
左右。

⑤ 至牛腩和白萝卜熟烂时，放入盐、味
精、胡椒粉调味即可。

大雪

每年的公历12月7日前后为二十四节气中的大雪。到这个时节，天气更加寒冷，降雪量增多，且雪会越下越大，因此称为"大雪"。

养生重点：从中医养生学的角度看，大雪是"进补"的大好时节。饮食要注重补阳祛寒，滋补强身。

饮食调理指导

❶ 宜选用补阳的食物，如羊肉、牛肉、虾、鸡肉、枣、核桃、桂圆、芝麻、韭菜、木耳、蜂蜜、辣椒、胡椒、葱、姜、蒜等。

❷ 宜适量多吃温补脾阳的食物，如粳米、莲子、芡实、鳝鱼、鲢鱼、鲤鱼、带鱼等。

❸ 为使"阴平阳秘"，防治上火，冬季还宜配食防燥护阴、滋肾润肺的食物，如豆浆、鸡蛋、鱼肉、百合、莲子、山药、银耳、萝卜、白菜、茄子、莲藕、马蹄、菱角、雪梨、甘蔗等。

🍲 山药炖排骨

原材料　排骨500克，山药200克，葱、姜各适量，枸杞数粒。

调味料　盐半大匙，味精1小匙，料酒2大匙，八角1粒。

做　法

① 排骨切小块，洗净，入沸水中汆烫，漂净血水、浮沫。

② 锅内加水烧开，加入葱段、姜片、料酒、八角，倒入排骨炖45分钟后加入盐、味精调味，再用小火将排骨炖至熟烂。

③ 山药去皮切块，入锅内加清水、盐煮熟，捞出放入排骨锅中，同煲5分钟，起锅装碗，撒枸杞做点缀即可。

功效　在寒冷的冬季，多吃山药好处多。山药中所含的大量黏液蛋白对人体有特殊保护作用。它能保持人体心血管壁的弹性，防止动脉粥样硬化，减少皮下脂肪，还能防止肝脏和肾脏中结缔组织萎缩，润滑消化道、呼吸道、关节腔和浆膜腔，防止疲劳，提高人体免疫力。

🍲 枸杞红枣鸡杂汤

原材料　鸡胗1个，鸡肝1副，鸡心2个，枸杞适量，红枣5颗，姜1小块，葱1根。

调味料　高汤2碗，料酒少许，盐适量。

功效　鸡内脏虽小，功效却很大，它们含有丰富且优质的动物性蛋白质、铁质、钙质等营养素，不但能够补血，还对加强肝肾气血大有帮助，是冬令的滋补食品，多吃有益。

做　法

① 鸡胗清洗干净，切片；鸡肝、鸡心洗净后，对切成半；姜切丝，葱切花，备用。

② 将预先准备好的高汤倒入汤锅，煮沸，加入鸡胗、鸡心、枸杞、红枣和姜丝，再次滚沸后，改小火煮30分钟。

③ 再加鸡肝煮10分钟，加入盐，淋上少许料酒，撒些葱花即可。

山药炖兔肉

原材料 鲜山药150克，兔肉120克，葱、姜各10克。

调味料 盐、料酒、清汤各适量。

做 法

① 鲜山药去皮、洗净、切小块；姜葱洗净，姜切片，葱切段；兔肉切小块。

② 锅置火上，放油烧热，放入兔肉块，用大火将兔肉烧至变色。

③ 再加入山药块、姜、葱同炒，加清汤、料酒，用小火烧煮，至肉熟、山药变软后，加入盐调味即可。

功效 这道汤有清燥润肺、益气生津的功效，适用于冬季肺燥或气阴不足等。

冬笋豆腐汤

原材料 豆腐250克，雪里蕻1根，猪肉馅50克，冬笋1小块，姜3片，大蒜1瓣。

调味料 料酒、生抽、白胡椒粉各适量。

做 法

① 豆腐切小块；雪里蕻切碎，挤干水分备用；冬笋切小块，余烫后捞出；猪肉馅中淋入料酒、生抽腌制5分钟。

② 锅中倒入油烧热，倒入猪肉馅煸炒至变色后放入姜片、蒜瓣，煸出香味后倒入雪里蕻煸炒，再倒入清水，大火煮开。

③ 放入豆腐块、冬笋块，中火煮5分钟，最后调入生抽和白胡椒粉搅匀即可。

功效 冬季天气干燥，容易导致口感烦躁、上火便秘。这时吃点冬笋是很有好处的。冬笋具有滋阴凉血、和中润肠、清热化痰、解渴除烦、清热益气、利膈爽胃、消食的功效，还可开胃健脾。

冬至

每年的公历12月22日或23日是二十四节气中的冬至。冬至预示着寒冷的冬天已经悄然而来。

养生重点：冬至到来，天气酷寒，饮食养生应以固肾、健脾为主。

饮食调理指导

❶ 宜食温热的食物以保护脾肾。温热的食物主要有：羊肉、牛肉、鸡肉、虾仁、桂圆、红枣等，这些食物富含蛋白质及脂肪，热量多，对于身体虚寒、阳气不足者尤其有益。

❷ 宜适当选用高钙食品，如牛奶、豆制品、海带、紫菜、贝壳、牡蛎、沙丁鱼、虾等，可提高机体的御寒能力。

❸ 饮食应注意"三多三少"，即蛋白质、维生素、纤维素多，糖类、脂肪、盐少。

🍲 山楂炖牛肉

原材料　山楂15克，红枣10颗，牛肉200克，
胡萝卜200克，葱、姜各适量。

调味料　绍酒、盐各适量。

做　法

① 把山楂洗净、去核，红枣去核，胡萝卜
洗净切块，牛肉洗净。

② 用沸水将牛肉焯一下，切成4厘米见方
的块。

③ 将牛肉、绍酒、盐、葱、姜放入炖锅
中，加水1000毫升，用中火煮20分钟
后，再加入上汤1000毫升煮沸。

④ 放入胡萝卜、山楂，用小火炖50分钟
即可。

功效　该汤是一道适宜冬季的汤品。红
枣含丰富粗纤维及维生素C，山
楂助消化，胡萝卜能有效防治牙
齿肿痛和咽喉发炎。

🍲 香菇乌鸡汤

原材料　乌鸡500克，香菇9朵，姜2片，红
枣8颗。

调味料　盐适量。

做　法

① 乌鸡洗净斩块；香菇用温水泡半天，洗
净后切丝；红枣去核。

② 烧开水，把乌鸡放进锅里焯一下，去掉
血水。

③ 把所有材料都倒入锅里，大火烧开后改
小火再煲2小时，其间把漂在汤面的油
用隔油器撇去。

④ 加入适量的盐，出锅即可食用。

功效　香菇被称为"百菇之王"，是延
年益寿的天然保健品。各类蘑菇
中，香菇的抗癌功效最好，含有
丰富的香菇多糖。香菇中维生素
D的含量也明显高于其他菇类，
可以帮助体内钙的吸收。吃香菇
能够提高机体免疫力，预防感
冒，因而十分适合在冬天进食。

杜仲排骨汤

原材料 排骨400克，杜仲10克，葱段、
姜、枸杞、红枣各适量。

调味料 料酒、盐、味精各适量。

做 法

① 排骨洗净斩成寸段，焯水捞出沥干；杜
仲、枸杞、红枣洗净待用；姜切片待用。

② 锅内放适量清水，加排骨、杜仲、枸杞、
红枣、葱段、姜片和料酒，大火煮开。

③ 改小火煮2小时左右，放盐、味精后
出锅。

功效 排骨富含钙质，可以提高机体的
御寒能力，杜仲和枸杞可以补肾
填髓，三者合煮成汤，是冬季滋
补强身的首选佳品。

萝卜葱花鲫鱼汤

原材料 鲫鱼1条，白萝卜半个，葱适量，
姜2片。

调味料 料酒、盐、胡椒粉、醋、酱油各
适量。

功效 萝卜有顺气消食、止咳化痰、除
燥生津、散瘀解毒、利便等功
效，如治疗伤风感冒的白萝卜
汤、治咳嗽哮喘的生姜萝卜蜂蜜
水、消食化痰的萝卜粥都很适合
冬季食用。

做 法

① 鲫鱼处理干净；白萝卜洗净，去皮
切丝。

② 锅置火上，放油烧热，放入葱、姜爆
香，随后放入鲫鱼，略煎后加入料酒和
清水烧开。

③ 改小火，放入白萝卜丝同煮，熟软时加
入盐和胡椒粉调味，撒上葱花即可盛
出。食用时用醋、酱油蘸食更美味。

小寒

每年的公历1月5日或6日为小寒。从字面上理解，大寒冷于小寒，但在气象记录中，小寒却比大寒冷，可以说是全年24个节气中最冷的节气。

养生重点：小寒是一年中最冷的时节，饮食需特别注重温肾御寒，充盈气血津液。

饮食调理指导

❶ 宜多吃羊肉、鸡肉、甲鱼、核桃仁、大枣、淮山、莲子、百合、栗子等有补脾胃、温肾、止咳补肺功效的食品。

❷ 吃辣的食物可以祛寒。辣椒中含有辣椒素，生姜含有芳香性挥发油，胡椒中含胡椒碱。它们都属于辛辣食品，冬天适量多吃一些，可以促进血液循环，提高御寒能力。

❸ 每天还应多吃柚子、苹果等生津类水果，对抵御冬季干燥有好处。

羊肉粉丝汤

原材料 羊肉800克，干腐竹50克，干木耳30克，马铃薯粉丝1把，卤肉香料包（含香叶、花椒、桂皮、八角、小茴香、陈皮）1个，姜、香葱、香菜、油泼辣子各适量。

调味料 黄酒、胡椒粉、盐、油泼辣子各适量。

做　法

① 羊肉放入凉水里浸泡1小时，去除血水，用流动的水冲洗干净后切成大块；羊肉块凉水下锅，水开焯出血沫后捞出，用热水洗净浮沫。

② 干腐竹提前用水泡软切段；干木耳用凉水泡发，去除根部，清洗干净，分成小朵；粉丝用温水泡软，备用；香葱和香菜择洗干净，分别切成香葱花和香菜碎备用。

③ 炖锅内加足水，放入焯过水的羊肉、葱、姜和香料包，调入1大勺黄酒，大火烧开后，改小火炖1小时以上。

④ 捞出大肉块，切成薄薄的小块，放入有羊肉汤的锅中，同时放入泡发洗净的木耳、腐竹，先煮一会儿，再放入泡软的粉丝继续煮3~5分钟。

⑤ 最后加入盐和胡椒粉调味，食用时依喜好加入香菜、香葱以及油泼辣子即可。

 功效 这道汤能温阳、益气、养血，特别适合冬季怕冷、贫血或气血不足者食用。

麻辣牛杂汤

原材料 牛肠100克，牛肚100克，牛心100克，牛肺100克，葱白25克，香菜20克，姜5克。

调味料 辣椒粉、盐、豆瓣酱、鸡精、胡椒粉、花椒、鲜牛骨头汤各适量。

做　法

① 将牛杂（肠、肚、心、肺）分别洗净，放入沸水锅中汆烫去异味，捞出晾凉，再用刀切成片。

② 葱白洗净，切滚刀块；香菜洗净，切成1厘米长的段；姜洗净，切丝。

③ 锅置火上，放油烧热，放豆瓣酱、姜丝、花椒炒香，加入鲜牛骨头汤，放入牛杂、辣椒粉、胡椒粉烧开，然后加盖小火炖熟，放鸡精调味，再撒上香菜和葱白即可。

 功效 牛杂含有丰富的蛋白质，能提高机体抗病能力，对生长发育的儿童以及手术后、病后调养的人在补充失血、修复组织等方面特别有益。寒冬吃牛杂有祛寒暖胃的功效。

🍲 牛肉杂蔬汤

原材料 牛肉（瘦）200克，菜花100克，土豆150克，胡萝卜1根，芹菜30克，洋葱1个。

调味料 盐适量。

做　法

1. 洋葱洗干净，切丝；芹菜择洗干净，切段；胡萝卜洗净切条；菜花洗净，用手掰成小朵；土豆洗净切块；牛肉炖熟切片备用。

2. 起锅热油，下胡萝卜，用油焖熟，再加入芹菜调味。

3. 再加入适量牛肉汤，放入土豆、牛肉片煮沸，土豆熟后放盐，调好味道。

4. 把菜花在清水中煮沸后，捞出放入牛肉汤中，煮15分钟后加洋葱、胡萝卜，煮至菜花熟透后加盐调味即可。

功效 牛肉高蛋白、低脂肪、含磷脂多，胆固醇含量少，是冬季防寒温补的美味之一，可收到进补和防寒的双重效果。

🍲 白胡椒煲猪肚汤

原材料 猪肚400克，白芝麻30克。

调味料 白胡椒、味精、盐、酱油各适量。

功效 这道汤补而不燥，可以用于治疗胃寒、心腹冷痛，且非常美味，可以作为冬季的一道家常菜。

做　法

1. 把猪肚反复用水冲洗干净，白胡椒打碎，放入猪肚内。

2. 用线把猪肚头尾扎紧，放入锅中，加少许盐，小火煲1个小时以上（至猪肚酥软）。

3. 最后撒上白芝麻，加入适量酱油、盐和味精调味即可。

大寒

每年的公历1月20日前后为大寒，是一年中的最后一个节气。此时天气虽然寒冷，但因为已近春天，所以不会像大雪到冬至期间那样酷寒。

养生重点：大寒时节，饮食养生除需遵从冬季养肾、养藏、养阴的总原则外，还要调养脾脏，并适当调养肝血。

饮食调理指导

1 适当选用健脾补虚、养肝补血的食物，如枣、山药、大米、小米、豇豆、瘦肉、菠菜、猪肝等。

2 大寒期间是感冒等呼吸道传染性疾病高发期，应适当多吃一些温散风寒的食物，如紫苏叶、生姜、大葱、辣椒、花椒、桂皮等，以防御风寒邪气的侵扰。

2 冬季的寒冷可能影响人体的营养代谢，消耗不少营养素，此时应及时补充体内可能缺乏的钙、铁、钠、钾等营养成分，多食用含这些营养成分丰富的食物，如虾米、虾皮、芝麻酱、猪肝、香蕉等。

🍲 西红柿鱼丸瘦肉汤

原材料 鱼丸250克，西红柿2个，瘦肉100克，里脊骨100克，香菜少许，姜1块。

调味料 盐适量，味精少许。

做 法

① 将西红柿洗净，切瓣；里脊骨、瘦肉洗净，里脊骨斩块，瘦肉切块；香菜切末。

② 将里脊骨、瘦肉入沸水锅中焯去血水，清水洗净后备用。

③ 将西红柿、鱼丸、里脊骨、瘦肉、姜一同放入锅中，加入适量清水，用小火煲2小时后加入盐、味精，撒上香菜末即可食用。

功效 冬天寒冷干燥，容易引起鼻、咽部和皮肤干燥并导致上火，因此每天吃点西红柿，能滋阴养肺、润喉去燥，还能摄取充足的营养物质，使人顿觉清爽舒适。

🍲 菠菜牛肋骨汤

原材料 带肉牛肋骨350克，牛筋150克，菠菜50克，洋葱1个，枸杞少许。

调味料 盐适量，胡椒粉少许。

功效 牛骨含有丰富的钙质、铁质和蛋白质，菠菜含有丰富的铁质、纤维素等，两者搭配加上牛筋、洋葱煲汤，能滋补强身，适用于体质虚弱、气血不足、体寒怕冷者。

做 法

① 牛肋骨、牛筋洗净，牛肋骨斩块、牛筋切成长条；洋葱对切成4大瓣；菠菜洗净后切段备用。

② 锅内加适量清水，烧开后放入牛肋骨、牛筋、洋葱和枸杞，大火烧沸后改小火煮40分钟。

③ 放入菠菜，加适量盐调味，菠菜煮熟即可熄火，撒上少许胡椒粉可提增香气。

红米猪肝汤

原材料 猪肝250克，红米150克，葱白3根。
调味料 豆豉适量，盐少许。

功效

猪肝有补肝养血之功效，红米为活血益气、健脾胃的甘温之品。红米与猪肝相配，能够健脾胃以生血，补肝虚以养血。

做 法

① 将猪肝洗净去筋膜，切片；红米淘净；葱白切丝。
② 将红米放入锅内，加水煮沸。
③ 加入猪肝煮熟，再加豆豉、葱白、盐，稍煮至汤稠即可。

清炖羊肉

原材料 羊肉300克，生姜、葱、干辣椒、花椒各适量。

调味料 盐适量。

做 法

① 羊肉切成2厘米见方的块，冷水下锅，大火烧开后撇清浮沫；生姜切片，葱切段。
② 将葱段、姜片、干辣椒、花椒包成料包，投入锅中，中火炖至羊肉熟烂，加盐调味即可。

功效

此菜补益气血，适合冬季养生调理食用。羊肉可补气血和温肾阳，生姜有止痛祛风湿等作用。二者同食，生姜既能去腥膻，又能助羊肉温阳祛寒。同时，羊肉中含丰富的蛋白质和大量的维生素B_1，与葱同食，可促进其吸收。体质虚弱、阳气不足、冬天手足不温、畏寒无力、腰酸阳痿者适宜食用这道菜。

附录

富含各类营养素的代表食物

	作用	缺乏症	代表食物
蛋白质	能促使肌肉的发达，力量的增长，保证体内各类分泌物的平衡，提高免疫能力，作为能量释放。	生长发育缓慢，智力发育缓慢；活动减少，精神不佳，抵抗力下降，易患传染性疾病；食欲不振，出现偏食、厌食、贫血；伤口不易愈合，身体水肿。	动物蛋白如肉、鱼、蛋等；植物蛋白主要是豆制品。
维生素A	防治夜盲症和视力减退；去除老人斑；维持皮肤、头发、牙齿的健康；增强机体抵抗力；促进骨骼生长，强壮身体。	干眼症、食欲不振、湿疹、夜盲症、嗅觉不灵。	动物的肝脏、鱼类、海产品、奶油、鸡蛋、鲫鱼、白鲢、鳝鱼、鱿鱼、蛤蜊、奶油、人奶、牛奶、新鲜莴苣、白菜、青豌豆、西红柿等。
维生素B$_2$	促进细胞再生和成长，改善口腔的发炎症状，促进皮肤、指甲、毛发的生长，提高视力。	发育迟缓，引起口腔、唇、舌、皮肤的炎症，晕眩，引起胃肠疾病，生殖器机能障碍，眼疾。	动物肝脏、鸡蛋、牛奶、豆类、雪里蕻、油菜、菠菜、青蒜、蘑菇、海带等。
维生素B$_6$	防治各种神经、皮肤的疾病，抗衰防老，利尿，止呕，改善手脚痉挛。	贫血，产生头屑，神经过敏，脂溢性皮肤炎，口腔炎，肌肉痉挛，体内积水。	啤酒酵母、麦芽、动物肝脏与肾脏、大豆、糙米、蛋、燕麦、花生、核桃等。
维生素C	降低血中胆固醇，治疗牙龈出血，防止亚硝基胺的形成，加速手术后的恢复，增强抵抗力，预防感冒，预防坏血病，减少静脉中血栓的发生。	坏血病，瘀伤，流鼻血，胃肠疾病，疲劳，掉发，易骨折。	青椒、菠菜、马铃薯、龙眼、猕猴桃、番石榴、木瓜、榴梿、草莓、柚子、桑葚、荔枝等。
维生素D	提高肌体对钙、磷的吸收，促进生长和骨骼钙化，促进牙齿健全。	牙齿松动，易患小儿佝偻病，近视或视力减退，肌肉麻木、刺痛和痉挛。	动物肝如牛肝、猪肝、鸡肝、鲔鱼、鲱鱼、鲑鱼、沙丁鱼，鱼肝油，牛奶、奶油等。

	作用	缺乏症	代表食物
铁	帮助生长发育，缓解疲劳养血，增强抵抗力。	缺铁性贫血，疲劳。	动物肝脏，全血、肉、鱼、禽类、黑木耳、海带、芝麻酱等。
钙	维持骨骼、牙齿的健康，缓解失眠症状，预防心脏病，强化神经系统功能。	佝偻症，骨质疏松症，牙齿脆弱，软骨症，失眠。	芝麻酱、小香干、虾米、虾皮、海带、海蜇皮、螺蛳、淡菜、蟹、牡蛎、牛奶、豆奶粉、荠菜、塔菜、扁豆、豆腐、鳊鱼、黄鱼、鱿鱼、芹菜、赤豆、豌豆、百叶、腐竹、腐乳、马兰头、卷心菜等。
镁	改善忧郁，保护牙齿，改善消化不良状况，预防心脏病，预防各种结石病。	神经过敏，身颤。	葵花子、南瓜子、西瓜子、山核桃、松子、榛子、花生、麸皮、荞麦、豆类等。
钾	提神、醒脑，降血压，清除体内废物，促进新陈代谢，改善过敏症状。	浮肿，失眠，耳鸣，低血糖症。	鲜蚕豆、马铃薯、山药、菠菜、苋菜、海带、紫菜、黑枣、杏、杏仁、香蕉、核桃、花生、青豆、黄豆、绿豆、毛豆、羊腰、猪腰等。
锌	加速伤口愈合，改善生殖能力障碍，增强消化系统功能，预防前列腺疾病，防治精神疾病。	前列腺肥大，性无能，生殖腺机能不足，体臭，嗅觉丧失，成长迟缓，动脉硬化，食欲不振，疲劳，指甲上长白斑。	瘦肉、肝、蛋、奶制品、莲子、花生、芝麻、核桃、紫菜、海带、虾、海鱼、红小豆、荔枝、栗子、瓜子、杏仁、芹菜、柿子等。
磷	促进生长发育，增强抵抗力，促进病体恢复，防治关节炎，保护牙齿健康。	佝偻症，牙周病。	牛肉、干酪、鱼、海产品、羊肉、肝、果仁、花生酱、猪肉、禽肉等。